国家出版基金项目
NATIONAL PUBLICATION FOUNDATION

“十三五”国家重点图书出版规划项目

中华农圣贾思勰与《齐民要术》研究丛书

齊民要術之中外版本述略

杨现昌 著

中国农业科学技术出版社

图书在版编目（CIP）数据

《齐民要术》之中外版本述略 / 杨现昌著 .—北京：中国农业科学技术出版社，2017. 7
（中华农圣贾思勰与《齐民要术》研究丛书）
ISBN 978-7-5116-2938-8

Ⅰ. ①齐…　Ⅱ. ①杨…　Ⅲ. ①农学-中国-北魏 ②《齐民要术》-版本-研究
Ⅳ. ①S-092. 392

中国版本图书馆 CIP 数据核字（2017）第 003272 号

责任编辑　闫庆健
责任校对　马广洋

出 版 者　中国农业科学技术出版社
北京市中关村南大街 12 号　邮编：100081
电　　话　（010）82106632（编辑室）　（010）82109704（发行部）
（010）82109709（读者服务部）
传　　真　（010）82106625
网　　址　http://www.castp.cn
经 销 者　各地新华书店
印 刷 者　北京科信印刷有限公司
开　　本　710 mm×1 000 mm　1/16
印　　张　9. 5
字　　数　181 千字
版　　次　2017 年 7 月第 1 版　2017 年 7 月第 1 次印刷
定　　价　30. 00 元

作者简介

杨现昌，潍坊科技学院历史文化研究所所长，副教授，山东省农业历史学会理事，主要研究方向为传世文献、出土文献、古文字学，致力于对已出土的古文字资料、乡邦文献及《齐民要术》的研究，已发表学术论文10余篇，主持市厅级研究课题2项，参与市厅级研究课题3项，参与几项其他课题的研究。

中华农圣贾思勰与《齐民要术》研究丛书

序 一

《齐民要术》是我国现存最早、最完整的一部古代综合性农学巨著，在中国传统农学发展史上是一个重要的里程碑，在世界农业科技史上也占有非常重要的地位。

《齐民要术》共10卷，92篇，11万多字。全书“起自耕农，终于醯醢，资生之业，靡不毕书”，规模巨大，体系完整，系统地总结了公元6世纪以前黄河中下游旱作地区农作物的栽培技术、蔬菜作物的栽培技术、果树林木的栽培技术、畜禽渔业的养殖技术以及农产品加工与贮藏、野生植物经济利用等方面的知识，是当时我国最全面、系统的一部农业科技知识集成，被誉为中国古代第一部“农业百科全书”。

《齐民要术》研究会组织包括高校科研人员、地方技术专家等20多人在内的精干力量，凝心聚力，勇担重任，经过三年多的辛勤工作，完成了这套近400万字的《中华农圣贾思勰与〈齐民要术〉研究丛书》。该《丛书》共三辑15册，体例庞大，内容丰富，观点新颖，逻辑严密，既有贾思勰里籍考证、《齐民要术》成书背景及版本的研究，又有贾思勰农学思想、《齐民要术》所涉及农林牧渔副等各业与当今农业发展相结合等方面的研究创新。这些研究成果与我国农业当前面临问题和发展的关系密切，既能为现代农业发展提供一些思路和有益参考，又很好地丰富了传统农学文化研究的一些空白，可喜可贺。可以说，这是国内贾思勰与《齐民要术》研究领域的一部集大成之作，对传承创新我国传统农耕文化，服务现代农业发展将发挥积极的推动作用。

《中华农圣贾思勰与〈齐民要术〉研究丛书》能得到国家出版基金资助，列入“十三五”国家重点图书出版规划项目，进一步证明了该《丛书》的学术价

值与应用价值。希望该《丛书》的出版能够推动《齐民要术》的研究迈上新台阶；为推进现代农业生态文明建设，实现农业的可持续发展提供有益的借鉴；为传承和弘扬中华优秀传统文化，展现中华民族的精神文化瑰宝，提升中国的文化软实力发挥作用。

中国工程院副院长
中国工程院院士
刘旭

2017年4月

序　二

中国是世界四大文明古国之一，也是世界第一农业大国。我国用不到世界9%的耕地，养活了世界21%的人口，这是举世瞩目的巨大成绩，赢得世人的一致称赞。对于我国来说，“食为政首”“民以食为先”，解决人的温饱是最大问题，也是我国的特殊国情，所以，从帝制社会开始，历朝历代，都重视农业，把农业作为“资生之业”，同时又将农业技术的改良、品种的选优等放在发展农业的优先位置，这方面的成就是为世界公认的，并作为学习的榜样。

中华农圣贾思勰所撰农学巨著《齐民要术》，是每位农史研究者必读书目，在国内外影响极大，有很多学者把它称为“中国古代农业的百科全书”。英国著名科学家达尔文撰写《物种起源》时，也强调其重要性，在有些篇章有些字句里面，也引用了《齐民要术》和中国农书的一些重要成果，对它给予充分肯定。研究中国农业，《齐民要术》是一座绕不开的丰碑。《齐民要术》是古代完整的、全面的农业著作，内容相当丰富，从以下几方面，可以看出贾思勰的历史功绩。

在农作物的栽培技术方面，他详细记叙了轮作与间作套种方法。原始农业恢复地力的方法是休闲，后来进步成换茬轮作，避免在同一块地里连续种植同一作物所引起的养分缺乏和病虫害加重而使产量下降。在这方面，《齐民要术》记述了20多种轮作方法，其中最先进的是将豆科作物纳入轮作周期。在当时能认识到豆科植物有提高土壤肥力的作用，是农业上很大的进步，这要比英国的绿肥轮作制（诺福克轮作制）早1 200多年。间作套种是充分利用光能和地力的增产措施，《齐民要术》记述着十几种做法，这反映了当时间作套种技术的成就。

对作物播种前种子的处理，提出了泥水选种、盐水选种、附子拌种、雪水浸种等方法，这都是科学的创见。特别是雪水浸种，以“雪是五谷之精”提出观点，事实上，雪水中重水含量少，能促进动植物的新陈代谢（重水是氢的同位素重氢和氧化合成的水，对生物体的生长发育有抑制作用），科学实验证明，在温室中用雪水浇灌，可使黄瓜、萝卜增产两成以上。这说明在1 400多年前劳动人民已从实践中觉察到雪水和普通水的不同作用，实为重要的发现。在《收种第二》篇中，对选种育种更有一整套合乎科学道理的方法："粟、黍、穄、粱、秫，常岁岁别收，选好穗纯色者，劁刈高悬之，至春治取，别种，以拟明年种子。其别种种子，常须加锄。先治而别埋，还以所治蘘草蔽窖。不尔，必有为杂之患。"这里所说的，就是我们沿用至今的田间选种、单独播种、单独收藏、加工管理的方法。

《齐民要术》记载了我国丰富的粮食作物品种资源。粟的品种97个，黍12个，穄6个，粱4个，秫6个，小麦8个，水稻36个（其中糯稻11个）。贾思勰根据品种特性，分类加以命名。他对品种的命名采用三种方式：一是以培育人命名，如"魏爽黄""李浴黄"等；二是"观形立名"，如高秆、矮秆、有芒、无芒等；三是"会义为称"，即据品种的生理特性如耐水、抗虫、早熟等命名。他归纳的这三种命名方式，直到现在还在使用。

在蔬菜作物的栽培技术方面，成就斐然。《齐民要术》第15~29篇都是讲的蔬菜栽培。所提到的蔬菜种类达30多种，其中约20种现在仍在继续栽培，寿光市现在之所以蔬菜品种多、技术好、质量高，与此不无传承关系。《齐民要术》在《种瓜第十四》篇中，提到种瓜"大豆起土法"，这是在种瓜时先用锄将地面上的干土除去，再开一个碗口大的土坑，在坑里向阳一边放4颗瓜子、3颗大豆，大豆吸水后膨胀，子叶顶土而出，瓜子的幼芽就乘势省力地跟着出土，待瓜苗长出几片真叶，再将豆苗掐断，使断口上流出的水汁，湿润瓜苗附近的土壤，这种办法，在20世纪60—70年代还被某外国农业杂志当作创新经验介绍，殊不知贾思勰在1 400年前就已经发现并总结入书了。又如，从《种韭第二十二》篇可以看出，当时的菜农已经懂得韭菜的"跳根"现象，而采取"畦欲极深"和及时培土的措施来延长采割寿命。这说明那时的贾思勰对韭菜新生鳞茎的生物学特点已经有所认识。再如，对韭菜新陈种籽的鉴别，采用了"微煮催芽法"来检验，"微煮"二字非常重要，这一方法延续到现在。

在果树栽培方面，《齐民要术》写到的品种达30多种。这些果树资料，对世界各国果树的发展起过重要作用。如苏联的植物育种家米丘林和美国、加拿大的植物育种家培育的寒带苹果，都是用《齐民要术》中提到的海棠果作亲本培育成功的。在果树的繁殖上贾思勰记载了数种嫁接技术。为使果类增产，他还提出“嫁枣”（敲打枝干）、疏花的措施，以减少养分的虚耗，促多坐果，这是很有见地的。

在养殖业方面，《齐民要术》从大小牲畜到各种鱼类几乎都有涉猎，记之甚详，特别大篇幅强调了马的饲养。从养马、相马、驯马、医马到定向选育、培育良种都作了科学的论述，现在世界各国的养马业，都继承了这些理论和方法，不过更有所提高和发展罢了。

在农产品的深加工方面，记述的餐饮制品从酒、酱到菜肴、面食等，多达数百种，制作和烹饪方法多达20余种，都体现了较高的科技水平。在《造神曲并酒第六十四》篇中的造麦曲法和《笨曲并酒第六十六》篇中的三九酒法，记载着连续投料使霉菌得到深层培养，以提高酒精浓度和质量的工艺，这在我国酿酒史上具有重要意义。

贾思勰除了在农业科学技术方面有重大成就外，还在生物学上有所发现。如对植物种间相互抑制或促进的认识和利用以及对生物遗传性、变异性和人工选择的认识和利用等。达尔文《物种起源》第一章《家养状况下的变异》中提到，曾见过“一部中国古代的百科全书”，清楚地记载着选择，经查证这部书就是《齐民要术》。总之，《物种起源》和《植物和动物在家养下的变异》中都参阅过这部“中国古代百科全书”，六次提及《齐民要术》，并援引有关事例作为他的著名学说——进化论佐证。如今《齐民要术》更是引起欧美学者的极大关注和研究，说它“即使在世界范围内也是卓越的、杰出的、系统完整的农业科学理论与实践的巨著。”

达尔文在《物种起源》中谈到人工选择时说：“如果以为这种原理是近代的发现，就未免与事实相差太远。在一部古代的中国百科全书中，已有关于选择原理的明确记述。”“农学家们的普遍经验具有某种价值，他们常常提醒人们当把某一地方产物试在另一地方栽培时要慎重小心。中国古代农书作者建议栽培和维持各个地方的特有品种。”达尔文说：“在上一世纪耶稣会士们出版了一部有关中国的大部头著作，这部著作主要是根据古代中国百科全书编成的。关于绵羊，书中说‘改良品种在于特别细心地选择预定作繁殖之用的羊羔，对它们善加饲养，保持羊群隔离。’中国人对于各种植物和果树也应用了同样的选择原理。”“物种能适应于某种特殊风土有多少是单纯由于其习性，有多少是由于具备不同内在体质的变种之自然选择，以及有多少是由于两者合在一起的作用，却是个朦胧不清的问题。根据类例推理和农书中甚至古代中国百科全书中提出的关于将动物从一个地区迁移至另一地区饲养时要极其谨慎的不断忠告，我应当相信习性有若干影响的说法。”

李约瑟是英国近代生物化学家和科学技术史专家、原英国皇家学会会员（FRS）、原英国学术院院士（FBA）、剑桥大学李约瑟研究所创始人，其所著《中国的科学与文明》（即《中国科学技术史》）对现代中西文化交流影响深远。李约瑟评价说：“中国文明在科学史中曾起过从未被认识的巨大作用，在人类了解自然和控制自然方面，中国有过贡献，而且贡献是伟大的。”李约瑟及其助手白馥兰，对贾思勰的身世背景作了叙述，侧重于《齐民要术》的农业技术体系构建，就种植制度、耕作水平、农器组配、养畜技艺、加工制作以及中西农耕作业的比较进行了阐述，并指出：“《齐民要术》是完整保留至今的最早的中国农书，其行文简明扼要，条理清晰，所述技术水平之高，更臻完美。其结果是这本著作长期使用至今还基本上是完好无损。”“《齐民要术》所包含的技术知识水平在后来鲜少被超越。”

日本是世界上保存世界性巨著《齐民要术》的版本最多的国家，也是非汉语国度研究《齐民要术》最深入的国家。日本学者薮内清在《中国、科学、文明》一书中说：“我们的祖先在科学技术方面一直蒙受中国的恩惠，直到最近几年，日本在农业生产技术方面继续沿用中国技术的现象还到处可见。”并指出：“贾思勰的《齐民要术》一书，详细地记述了华北干燥地区的农业技术，在日本，出版了这本书的译本，而且还出现了许多研究这本书的论文。”日本鹿儿岛大学原教授、《齐民要术》研究专家西山武一在《亚洲农法和农业社会》（东京大学出版会，1969）的后记中写道：“《齐民要术》不仅是中国农书中的最高峰，也是最难读懂的农书之一。它宛如瑞士的高山艾格尔峰（Eiger）的悬崖峭壁一般。不过，如果能够根据近代农学的方法论搞清楚其书写的旱地农法的实态的话，那么《齐民要术》的谜团便会云消雾散。”日本研究《齐民要术》专家神谷庆治在西山武一、熊代幸雄《校订译注〈齐民要术〉》的“序文”中就说，《齐民要术》至今仍有惊人的实用科学价值。“即使用现代科学的成就来衡量，在《齐民要术》这样雄浑有力的科学论述前面，人们也不得不折服。在日本旱地农业技术中，也存在春旱、夏季多雨等问题，而采取的对策，和《齐民要术》中讲述的农学原理有惊人的相似之处”。神谷庆治在论述西洋农学和日本农学时指出：“《齐民要术》不单是千百年前中国农业的记载，就是从现代科学的本质意义上来看，也是世界上的农书巨著。日本曾结合本国的实际情况和经验，加以比较对照，消化吸收其书中的农学内容”。日本农史学家渡部武教授认为：“《齐民要术》真可以称得上集中国人民智慧大成的农书中之雄，后世几乎所有的中国农书或多或少要受到《齐民要术》的影响，又通过劝农官而发挥作用。”日本学者山田罗谷评价说：“我从事农业生产三十余年，凡是民家生产上生活上的事，只要向《齐民要术》求教，依照着去做，经过历年的试行，没有一件不成功的。尤其关于农业生产的切实指导，可以和老农的宝贵经验媲美的，只有这部书。所以要特为译成日文，并加上注释，刊成新书行世。”

《齐民要术》在中国历朝历代，更被奉为至宝。南宋的葛祐之在《齐民要术后序》中提到，当时天圣中所刊的崇文院版本，不是寻常人可见，藉以称颂张辚能刊行于州治，“欲使天下之人皆知务农重谷之道”。《续资治通鉴长编》的作者南宋李焘推崇《齐民要术》，说它是“在农家最翘然出其类”。明代著名文学家、思想家、哲学家，明朝文坛“前七子”之一，官至南京兵部尚书、都察院左都御史的王廷相，称《齐民要术》为“惠民之政，训农裕国之术”。20 世纪 30 年代，我国一代国学大师栾调甫称《齐民要术》一书：“若经、若史、若子、若集。其刻本一直秘藏于皇家内库，长达数百年，非朝廷近人不可得。”著名经济史学家胡寄窗说：“贾思勰对一个地主家庭所须消费的生活用品，如各种食品的加工保持和烹调方法；如何养鱼养马；甚至连制造笔墨及其原材料等所应具备的知识，无不应有尽有。其记载周详细致的程度，绝对不下于举世闻名的古希腊色诺芬为教导一个奴隶主如何管理其农庄而编写的《经济论》。”

寿光是贾思勰的故里，我对寿光很有感情，也很有缘源，与其学术活动和交流十分频繁。2006 年 4 月，我应中国（寿光）国际蔬菜博览会组委会、潍坊科技职业学院（现潍坊科技学院）、寿光市齐民要术研究会的邀请，来到著名的中国蔬菜之乡寿光，参观了第七届中国（寿光）国际蔬菜博览会，感到非常震撼，与会“《齐民要术》与现代农业高层论坛”，我在发言中说：“此次来到中国蔬菜之乡和贾思勰的故乡，受益匪浅。《齐民要术》确实是每个研究农学史学者必读书目，在国内外影响非常之大，有很多学者把它称为是中国古代农业的百科全书，我们知道达尔文写进化论的时候，他也在书中强调，在有些篇章有些字句里面，也引用了《齐民要术》和中国农书的一些重要成果，对它给予充分肯定。《齐民要术》研究和现代农业研究结合起来，学习和弘扬贾思勰重农、爱农、富农的这样一个思想，继承他这种精神财富，来建设我们的新农村，是一个非常重要的主题。寿光这个地方有着悠久的传统，在农业方面有这样的成就，古有贾思勰、今有寿光人，古有《齐民要术》、今有蔬菜之乡，要把这个资源传统优势发挥出来”。2006 年 5 月，潍坊科技职业学院副院长薛彦斌博士前往南京农业大学中华农业文明研究院，我带领薛院长参观了中华农业文明研究院和古籍珍本室，目睹了中华农业文明研究院馆藏镇馆之宝——明嘉靖三年马直卿刻本《齐民要术》，薛院长与我、沈志忠教授一起商议探讨了《〈齐民要术〉与现代农业高层论坛论文集》的出版事宜，决定以 2006 年增刊形式，在 CSSCI 核心期刊《中国农史》上发表。2006 年 9 月，我与薛院长又一道同团参加了在韩国水原市举行的、由韩国农业振兴厅与韩国农业历史学会举办的“第六届东亚农业史国际研讨会”，来自中韩日三国的 60 余名学者参加了学术交流，进一步增进了潍坊科技学院与南京农业大学之间的了解和学术交流。2015 年 7 月，寿光市齐民要术研究会会长刘效武教授、副会长薛彦斌教授前往南京农业大学中华农业文明研究院，与我、沈志忠教授一起，商议《中华农圣贾思勰与〈齐民要术〉研究丛书》出版前期事宜，我十分高兴地为该丛书写了推荐信，双方进行了深入的学术座谈、并交换了学术研究成果。2016 年 12 月，薛院长又前往南京农业大学中华农业文明研究院，向我颁发了潍坊科技学院农圣文化研究中心学术带头人和研究员聘书，双方交换了学术研究成果。寿光市齐民要术研究会作为基层的研究组织，多年来可以说做了大量卓有成效的优秀研究工作，难能可贵。特别是此次，聚心凝力，自我加压，联合潍坊科技学院，推出这项重大研究成果——《中华农圣贾思勰与〈齐民要术〉研究丛书》，即将由中国农业科学技术出版社出版，并荣获国家新闻出版广电总局 2016 年度国家出版基金资助，入选“十三五”国家重点图书出版规划项目，可喜可贺。在策划和写作过程中，刘效武教授、薛彦斌教授始终与我保持着学术联系和及时沟通，本人有幸听取该丛书主编刘效武教授、薛彦斌教授对丛书总体设计的口头汇报，又阅读“三辑”综合内容提要和各分册书目中的几册样稿，觉得此套丛书的编辑和出版十分必要、非常适时，它既梳理总结前段国内贾学研究现状，又用大量现代农业创新案例展示它的博大精深，同时也填补了国内这一领域中的出版空白。该丛书作为研读《齐民要术》宝库的重要参考书之一，从立体上挖掘了这部世界性农学巨著的深度和广度。丛书从全方位、多角度进行了比较详细的探讨和研究，形成三辑 15 分册、近 400 万字的著述，内容涵盖了贾思勰与《齐民要术》研读综述、贾思勰里籍及其名著成书背景和历史价值、《齐民要术》版本及其语言、名物解读、《齐民要术》传承与实践、贾思勰故里现代农业发展创新典型等方方面面，具有“内容全面”“地域性浓”“形式活泼”等特色。所谓内容全面：既考订贾思勰里籍和《齐民要术》语言层面的解读，同时也对农林牧副渔如何传承《齐民要术》进行较为全面的探讨；地域性浓：即指贾思勰故里寿光人探求贾学真谛的典型案例，从王乐义“日光温室蔬菜大棚”诞生，到“果王”蔡英明——果树“一边倒”技术传播，再到庄园饮食——“齐民大宴”，及“齐民思酒”的制曲酿造等，突出了寿光地域特色，展示了现代农业的创新成果；形式活泼：即指“三辑”各辑都有不同的侧重点，但分册内容类别性质又有相同或相近之处，每分册的语言尽量做到通俗易懂，图文并茂，以引起读者的研读兴趣。

鉴于以上原因，本人愿意为该丛书作序，望该套丛书早日出版面世，进一步弘扬中华农业文明，并发挥其经济效益和社会效益。

（南京农业大学中华农业文明研究院院长、教授、博士生导师）

2017 年 3 月

序 三

寿光市位于山东半岛中北部，渤海莱州湾南畔，总面积2 072平方千米，是“中国蔬菜之乡”“中国海盐之都”，被中央确定为改革开放30周年全国18个重大典型之一。

寿光乾坤清淑、地灵人杰。有7 000余年的文物可考史，有2 100多年的置县史，相传秦始皇筑台黑冢子以观沧海，汉武帝躬耕洰淀湖教化黎民，史有“三圣”：文圣仓颉在此创造了象形文字、盐圣夙沙氏开创了煮海为盐的先河，农圣贾思勰著有世界上第一部农学巨著《齐民要术》，在这片神奇的土地上，先后涌现出了汉代丞相公孙弘、徐干，前秦丞相王猛，南北朝文学家任昉等历史名人，自古以来就有“衣冠文采、标盛东齐”的美誉。

食为政之首，民以食为天。传承先贤“苟日新，日日新，又日新”的创新基因，勤劳智慧的寿光人民以“敢叫日月换新天”的气魄与担当，栉风沐雨、自强不息，创造了一个又一个绿色奇迹，三元朱村党支部书记王乐义带领群众成功试种并向全国推广了冬暖式蔬菜大棚，连续举办了17届中国（寿光）国际蔬菜科技博览会，成为引领现代农业发展的“风向标”。近年来，我们深入推进农业供给侧结构性改革，大力推进旧棚改新棚、大田改大棚“两改”工作，蔬菜基地发展到近6万公顷，种苗年繁育能力达到14亿株，自主研发蔬菜新品种46个，全市城乡居民户均存款15万元，农业成为寿光的聚宝盆，鼓起了老百姓的钱袋子，贾思勰“岁岁开广、百姓充给”的美好愿景正变为寿光大地的生动实践。

国家昌泰修文史，披沙拣金传后人。贾思勰与《齐民要术》研究会、潍坊科技学院等单位的专家学者呕心沥血、焚膏继晷，历时三年时间撰写的这套三辑

15分册，近400万字的《中华农圣贾思勰与〈齐民要术〉研究丛书》即将面世了，丛书既有贾思勰思想生平的旁求博考，又有农圣文化的阐幽探赜，更有农业前沿技术的精研致思，可谓是一部研究贾思勰及农圣文化的百科全书。时值改革开放40周年之际，它的问世可喜可贺，是寿光文化事业的一大幸事，也是贾学研究具有里程碑意义的一大盛事，必将开启贾思勰与《齐民要术》研究的新纪元。

抚今追昔，意在登高望远；知古鉴今，志在开拓未来。寿光是农业大市，探寻贾思勰及农圣文化的精神富矿，保护它、丰富它并不断发扬光大，是我们这一代人义不容辞的历史责任。当前，寿光正处在全面深化改革的历史新方位，站在建设品质寿光的关键发展当口，希望贾思勰与《齐民要术》研究会及各位研究者，不忘初心，砥砺前行，以舍我其谁的使命意识、只争朝夕的创业精神、踏石留印的务实作风，“把跨越时空、超越国度、富有永恒魅力、具有当代价值的文化精神弘扬起来”，继续推出一批更加丰硕的理论成果，为增强国人的道路自信、理论自信、制度自信、文化自信提供更加坚实的学术支持，为拓展农业发展的内涵与深度不断添砖加瓦，为在更高层次上建设品质寿光作出新的更大贡献！

（中共寿光市委书记）

2017年3月

前言

北魏著名农学家贾思勰所撰《齐民要术》成书于公元6世纪，参考引录《周易》《诗经》《周礼》《礼记》《左传》《四民月令》等书籍150余种，又辑录农谚及实际调查资料等汇集而成，兼及农林牧副渔诸业，系统地总结了公元6世纪以前我国北方地区的农业生产技术，该书体系完备，内容丰富，是一部公认的我国现存最早最完整的百科全书式的农学专著，对当时及后来的农业生产都具有非凡的价值和指导意义。

然而，在《齐民要术》的成书时代，我国还没有发明印刷术，人们对书籍的传承主要是靠手抄笔录，人们是用毛笔在纸张、布帛甚至竹简、木牍上抄写书籍以达到传承流布的目的。人们在抄写书籍时不免会产生讹误，加之魏晋南北朝时期又是我国分裂割据、战争频仍的时代，《齐民要术》在流传过程中难免会遭受战火的损毁。唐朝时，我国开始用雕版印刷术印刷书籍。印刷术的发明与使用使书籍传播快速且广远，《齐民要术》得以较快地传播、流布。

《齐民要术》约成书于公元541年，传世的版本较多。人们目前所见到的最早的《齐民要术》是北宋仁宗天圣年间（1023—1031）崇文院刻印的，即通称的崇文院刻本。此时的《齐民要术》应是用雕版印刷术刻印的，不是用泥活字印刷的，因为泥活字印刷术是在稍后的宋仁宗庆历年间才由毕昇发明，宋仁宗天圣年间还未发明泥活字印刷术。印刷术的发明与运用无疑促进了《齐民要术》的传播。从《齐民要术》成书到北宋崇文院刻本出现之前这一时期，《齐民要术》的传播主要靠手抄笔录以及雕版印刷术刻印。由于历史久远，人们没有见到崇文院刻本之前的《齐民要术》，更没有见到极其珍贵的贾思勰所撰《齐民要术》原稿，即使我们现在所见北宋崇文院刻本《齐民要术》，也只是一残本，仅存第五、第八两卷及第一卷的两残页，而且还在日本京都博物馆。

从北宋崇文院刻本到南宋的明抄本，再到元代《农桑辑要》对《齐民要术》的引录，乃至明代版《齐民要术》的错乱、清代学者对明代版《齐民要术》校勘，直到现代学者对《齐民要术》一书的全面整理、校勘、注释、翻译，《齐民要术》一路传承下来，其间历经变化，或出现错讹，但其基本内容却是保存下来了。《齐民要术》在传承过程中出现了许多不同的版本，厘清这些版本的来源，辨明各个版本的优缺点，是了解《齐民要术》的前提，也是进一步研究《齐民要术》的基础。

由于历史条件的限制，《齐民要术》原稿没能完整地保存和流传下来，书稿在流传过程中出现了缺失、差异和讹误，出现了不同的版本，这使人们认识《齐民要术》原貌造成了困难。但这也正是人们研究《齐民要术》版本、考订《齐民要术》内容的动力所在。本书以目前所掌握的《齐民要术》版本资料为基础，参考前人的研究成果，对《齐民要术》版本情况作一述评，以期为学习研究《齐民要术》提供帮助。

著　者

2016 年 8 月

版本概要说明

一、有关版本的知识

版本一词是随着雕版印刷术的发明而出现的，在雕版印刷术发明之前人们没有使用这一词。唐代出现雕版印刷术后，经过五代十国时期，到宋代，人们才开始逐渐普遍使用这一词。

在纸张发明和广泛使用前，我国古代劳动人民书写的主要载体是竹简和木片，南方主要用竹简，北方主要用木片，这是因地制宜，就地取材。

古代用于书写的木片被称为版或板，版或板再稍加工便成为牍，牍比简宽；因书写用的木片多呈方形，所以版或板又可称为方。

随着雕版印刷术的发明、推广，版或板的含义也随之发生变化，由初始含义书写用的木片，逐渐演变为经工匠雕刻后供印刷书籍用的雕版。

本原是指书本，而随着印刷术的发展，本或书本的含义逐渐趋同于版本。自北宋以来，雕版印刷术盛行，这样，版本一词便被用来专指雕版印刷的书籍，后来又发明活字印刷术，则版本不再专指雕版印刷的书籍，还包括了活字印刷术印刷的书籍。

所谓版本，最初是指雕刻木板所印刷的书籍。但作为版本学上的一个名词，版本并不仅指雕板印刷的书籍，还包括雕板印刷之前的写本及印刷以后的稿本、抄本。所以，随着印刷术的发展以及人们对版本认识的提高，版本一词应是指一部书在誊写、传抄、编辑、排版、印刷、装订、流传过程中所产生的各种形态的本子。

二、《齐民要术》一书介绍

《齐民要术》是北魏著名农学家贾思勰撰写的、我国目前现存最早最完整地保存下来的一部总结性的古代农学名著，也是世界农学史上最早最有价值的名著之一。书中的“齐民”，意思就是平民百姓，“要术”是指谋生的重要方法，四字合起来说，就是百姓从事农业生产、获取生活生产资料的重要技术知识。书中记载了公元6世纪以前我国劳动人民从实践中积累下来的农业科学技术知识，对公元6世纪以前我国北方地区的农业生产经验作了系统性的总结。全书共10卷，92篇，11.5万余字，详细记述了我国古代农副业生产方面的技术和经验，分别讲述了我国古代关于谷物、蔬菜、果树、林木、特种作物的栽培方法及畜牧、酿造乃至烹调等多方面的知识，几乎囊括了古代农家经营活动的全部内容。本书概括地反映了我国古代农业科学技术上的光辉成就，堪称为一部中国古代农业技术的百科全书。

《齐民要术》成书后，主要以手抄本形式流传，在唐代以前没有刻本。我国在唐代开始出现雕版印刷术，雕版印刷术发明以后，书籍除以手抄本形式流传外，还以雕刻版本的形式流传，并逐渐成为书籍保存和流传的主要形式，而手抄本则成为书籍保存和流传的辅助、次要形式。从目前的资料看，唐代虽已出现雕版印刷术，但到目前为止，我们还没有见到唐代版本的《齐民要术》，也没有见到唐代雕版印刷《齐民要术》的记载。目前我们所见到的最早版本《齐民要术》是刊布于北宋仁宗天圣（1023—1031）年间的《齐民要术》，这是由当时皇家藏书馆——崇文院正式刊印的，始刻于北宋真宗天禧四年（1020）。自北宋崇文院刻本直至现代，《齐民要术》有50多种版本，各版本质量参差不一，现择要叙述之。

目　录

第一章

两宋系统本

一、从北宋崇文院刻本到日本高山寺本

（一）北宋崇文院刻本

崇文院刻本是现存最早、最好的《齐民要术》官刻本，也是人们目前所见到的由手抄本过渡到印刷本的最早刻本。

崇文院刻本始刻于北宋真宗天禧四年（1020），成于宋仁宗天圣年间（1023—1031），由当时掌管图籍、教授的皇家藏书院——崇文院刊刻。据元朝马端临《文献通考·经籍考》记载，南宋史学家李焘在《孙氏〈齐民要术音义解释〉序》中称，北宋真宗天禧四年（1020）诏令刊刻北魏贾思勰的《齐民要术》及唐代韩鄂的《四时纂要》两部农书，“本朝天禧四年诏并刻二书，以赐劝农使者”，是为了劝课农桑，“然其书与律令俱藏，众弗得习”，普通民众是不容易得到崇文院刻印的《齐民要术》的。南宋学者王应麟在其编纂的类书《玉海》中也对此事有记载，并称这是应利州转运使李防的请求而刊印的。《齐民要术》南宋张辚刻本所载葛祐之的序称，张辚刻本所依据的原本是“天圣中崇文院校本，非朝廷要人不可得”，可见崇文院刻本的珍稀，因而在民间少有流传。

此时的崇文院刻本《齐民要术》应是用雕版印刷术印制的，因为同时代的毕昇是在稍后的宋仁宗庆历年间才发明泥活字印刷术的。崇文院刻本《齐民要术》印量很少，故流布不广，而且书易失传。该版《齐民要术》在我国大约元明之际就已散佚。

（二）日本高山寺本

幸运的是，崇文院刻本《齐民要术》尚存一孤本在日本，因原藏京都高山寺，故又称高山寺本。全书 10 卷，仅存第五、第八两卷及第一卷的两残页，是一残本，现藏于日本京都博物馆，由于是孤本，被日本人视为国宝。这一残缺本是流传到日本时已缺失还是后来缺失，尚不明确。

高山寺本《齐民要术》书中“玄”“敬”“竟”“殷”“恒”等字末笔缺失，是为了避宋太祖赵匡胤之始祖、祖父、父亲的名字用字及宋真宗赵恒之讳。该本《齐民要术》页心高 24 厘米，宽 15. 5 厘米。每半页字 8 行，每行大字 17 个、小字 25 或 26 个。版心折叠处印有“民一、民五、民八”，表示是《齐民要术》第一卷、第五卷、第八卷。每卷第一页第一行印的是“齐民要术卷第几”，第二行是“后魏高阳太守贾思勰撰”，第三行是该卷的总篇目，总篇目之后就是篇题和正文。

高山寺本的《齐民要术》现存的第五卷共有 28 页、第八卷共有 38 页，第八卷最后一页脱缺半页，与他本相校，少 39 字。

高山寺本所据原本比较完好，距《齐民要术》成书时代最近，原本在流传过程中产生的错误较少，并且采取了保存原书原貌、标注异文的方式，不作任意之修改，因而该原本具有更高的学术价值，为后来刻本所不及。高山寺本的刻印比较精良，从整体上看具有明显的宋版特色，字刻得精美，书中错字、脱字较少，没有空心、墨钉，乃是一珍本。

高山寺本后来在日本主要有三种传抄本。

一是 1808 年传抄本。据日本学者小出满二在《关于〈齐民要术〉的异版》一文中记载，高山寺本之后最早的传抄本是光格天皇文化五年（1808）的传抄本，现藏日本内阁文库。该抄本书末有日本学者依田惠的跋，“《齐民要术》第五、第八两卷，平安栂尾高山寺所藏也。高山寺有藏旧书之名。官府使人访求其书，惟有目而散佚已尽，独遗此耳。年时不可得而考。祭酒林公，命属吏林彝缮写之，以为学院之藏。”这些记载说明这是一传抄本。

二是涩江氏藏传抄本。现藏日本帝国图书馆，书上盖有“弘前医官涩江氏藏书记”印记。

三是 1838 年小岛尚质影摹抄本。所谓影摹抄本就是对照底本影摹抄写的本子。据该抄本后面的跋所载，该抄本约形成于 1841 年前。日本学者小出满二曾言：“（仁孝天皇）天保九年（1838），高山寺本因故移来江户（今东京），斯界的小岛学士，亲自影印，不知其抄本今在何处。”幸运的是，光绪年间，中国学者杨守敬（1839—1915）在日本时访得小岛影摹抄本并带回国内，杨守敬在

《日本访书志》中曾言：“余所得系小岛尚质以高山寺本影钞，精好如宋刻。”这是中国现存院刻本的唯一抄本，现存中国农业科学院国家农业图书馆。

小岛尚质影摹抄本第五卷首页有“佞宋”、“尚质和印”的印记，“佞宋”是小岛尚质的别号；第八卷首页有“江户小岛氏八世医师”的印记。第八卷末页有小岛尚质的跋，说明这个影摹抄本的原本是天圣刻本。

小岛尚质影摹抄本除第五卷、第八卷外，还有第一卷及卷前《杂说》篇的两残页，但这两残页在 1914 年罗振玉影印并编入的吉石盦丛书本中已经缺少，可见这两残页在 1914 年之前已散佚。该影抄本影摹技艺精湛，书写工整，脱落之处都以细笔尽力描摹出来，以接近原貌。

1914 年，罗振玉（1866—1940）曾借得该影摹抄本，用珂罗版影印并编入《吉石盦丛书》，国内始有院刻残本的影印本流传。但罗氏影印本只印了第五、第八两卷，未印第一卷及卷前《杂说》篇的两残页，页心也有所缩小，大约是原来小岛本的三分之二，第五、第八两卷首页的《齐民要术》书名下还各钤有“高山寺”印记一枚，书线装一册，整体上印刷还是很清晰的（图 1）。

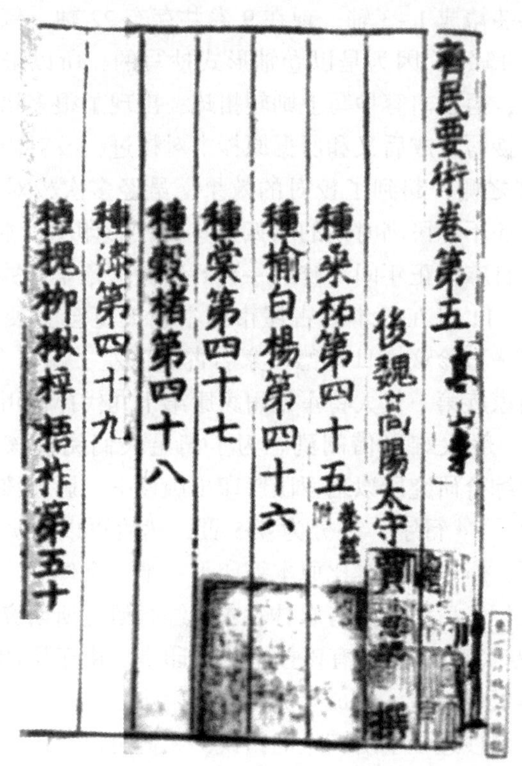
齊民要術卷第五
後魏高陽太守賈思勰撰
種桑柘第四十五 養蠶附
種榆白楊第四十六
種棠第四十七
種穀楮第四十八
種漆第四十九
種槐柳楸梓梧柞第五十

图 1　北宋崇文院刻本《齐民要术》残卷

二、日本金泽文库抄本

此版本是日本人依据崇文院刻本的抄本再抄的卷子本，因书原藏于日本横滨市称名寺内专门收藏日汉典籍的金泽文库，故称为金泽文库抄本或金泽文库旧抄卷子本（简称“金抄本”）。金泽文库是日本文永建始年间（1264—1277）大臣北条实时（又称金泽实时）创建的收藏日汉典籍的书库，在横滨称名寺内。卷子本是书的一种形态，是指书籍抄写完成后装裱成卷轴，而不是装订成卷册，是以卷轴形式装订成的书。

金泽文库抄本《齐民要术》十卷，抄成于 1274 年，据抄的原本是院刻系统本的另一抄本，是一出自北宋院刻系统的本子。金泽文库抄本所据原本是（六条天皇）仁安元年（1166）的抄本，而仁安抄本的原本源自北宋崇文院刻本。该卷子本外面一层是深青色的纸，每卷在卷首、卷尾处钤有“金泽文库”印记，还于卷首书名处盖有“御本”朱砂印记。该抄本初抄成之原本有 10 卷，现存 9 卷，缺第三卷。每卷装裱成 1~3 轴，现在 9 卷共存有 22 轴，每轴轴长不一。卷内有上下边栏，每行 15 字，因为是以卷轴形式抄写的，所以未有页码。金泽文库抄本字体书写工整，但在内容抄写上则较粗疏，出现了很多错字、别字，脱字现象也较严重，该本抄写完成后又和所据原抄本对校过，校对内容也较多，写在第一次所抄写的正文之侧，起到了校对的效果，虽经多次校对，还存在不少错误，其总体水准甚至还不如民国时期的《四部丛刊》影印明抄本。

金泽文库抄本在日本天正年间（1573—1591）为大臣丰臣秀次所有，后归德川家族，直到 1926 年 11 月在日本名古屋市图书馆展览会上展出，才为世人所知。后来这一卷子本一直珍藏于日本德川家名古屋蓬左文库（名古屋旧称蓬左，江户幕府时期，德川家族第一代大将军德川家康第十九代孙德川义亲在名古屋所建造的藏书库房），一般人难以借阅到。为了满足人们阅读该书的需求，1948 年，日本农林省农业综合研究所以珂罗版影印出版该书，影印该抄本时去掉原卷子本的上下边栏，每页 14 行字，共分为 455 页，然后再以两页上下合为一页影印，每本印成 228 页，所以影印本比原本缩印了一半，字体变小。影印本还印有序、凡例、正文及校记，后面还附有农林省农业综合研究所研究员西山武一的长文《〈齐民要术〉传承考》。这才有该抄本的影印本。由于影印本字体变小，使得文本中有些字变得模糊不清，造成了阅读上的困难。

金泽文库抄本在录抄过程中所产生的错误，人们可以运用其他版本的《齐民要术》加以校订。但由于这一本子系出自院刻系统，其抄录正确部分，能保留院刻原貌，为其他版本所不及，可以用来校订补正南宋以来诸多版本中的错讹、脱衍，因此金泽文库抄本在校勘上仍有相当高的价值。

虽然此版本在辗转传抄过程中造成许多错讹，但这是一个较完整的本子，而且源出于崇文院刻本，许多内容保存着院刻本的原貌，是硕果仅存而且卷帙较多（九卷）的北宋系统本子，由于它所据抄的仁安本及仁安本以前的唐折本等都已散佚，因而这一版本显得弥足珍贵，具有相当高的学术价值，可以校正此后版本的错脱，乃不失为一个较好的版本。

金泽文库抄本的影印本印量较少，我国得到的也不多（图 2）。

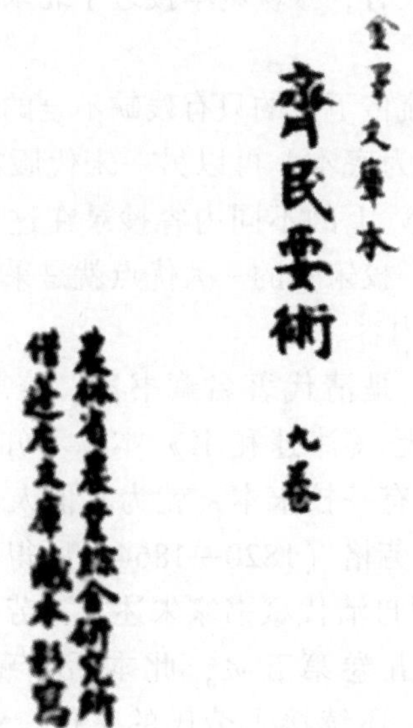

图 2　日本金泽文库抄本《齐民要术》

三、南宋张辚刻本（龙舒本）

此版本是南宋高宗绍兴十四年（1144）张辚在龙舒（今安徽舒城）任上时刊刻，故又称龙舒本。关于张辚的生平，史籍缺乏记载，据张辚同时代的镇江人葛祐之在龙舒本《齐民要术》序中所记，“使君名辚，彦声其字，济南佳士也。尝为越之上虞令，县多力穑之农，而令实为之劝，故租赋之入，不劳而办。又尝为九江郡丞，而化行乎江汉之间。自九江擢守龙舒，闻誉益美，功利益博。又以其余力，刊书累编，遗训于后。他日得君行道，岂易量哉?”该段文字对张辚的生平作一简要记述。从文献记载看，龙舒本《齐民要术》所据原本是北宋崇文院刻本，原本则是张辚从芗林居士向伯恭处得到的，这也是崇文院官刻本之后第一次重刻，也是第一个私刻本。从时代上看，张辚刻本接近于北宋，但该本之内容的确不如院刻本。

遗憾的是张辚所刻原书早已散失，流传下来的只有残缺不全的校宋本。所谓校宋本就是以某一版本的《齐民要术》为底本，再以另一宋代版本系统的《齐民要术》来校对，并把宋本《齐民要术》上的不同内容抄录在这个用来校对的底本上，这样形成的版本被称为校宋本。校宋本的一大优点就是采用和保留了宋本《齐民要术》许多珍贵的较早的资料内容。

校宋本主要有两个来源版本。一个是清代著名藏书家、校勘学家黄丕烈（1763—1825）所得校宋本，所用底本是《津逮秘书》本，不知是何人校录，这一版本只校录到第七卷卷中，黄丕烈有一校宋本，就为其他人借阅传抄提供了条件。另一个是清代校勘家、藏书家劳格（1820—1864）所得校宋本，所用底本是《秘册汇函》本，所用龙舒本源自清代藏书家朱述之，劳氏亲校，校录比较严谨，书写工整，但只校录到第五卷第五页，此本后归藏书家陆心源（1834—1894）。陆心源除收藏该书外，还续接了劳氏的工作，对第五卷未校部分至第七卷部分内容作了校勘。陆心源卒后，其子陆树藩不守父业，把所藏之书售与日本岩崎家，故这两个校宋本在光绪末年皆流归日本岩崎家，现藏日本东京静嘉堂文库。

黄丕烈的校宋本比劳格的校宋本出现的要早，因此黄丕烈校宋本首先被借阅传抄，逐渐形成更多的传抄本，也就是新的转录本。这些转录本主要有：藏书家张绍仁转录本，藏书家、校勘学家陈揆（1780—1825）转录本，经学大师刘寿曾（1838—1882）转录本，经学大师孙诒让（1848—1908）转录本以及校勘学家、藏书家黄廷鉴（1762—1842）再转录本，藏书家邵浪仙再转录本，诗人、学者张步瀛再转录本，学者管明佳再转录本。以上 4 种转录本与 4 种再转录本皆为黄丕烈校宋本所衍生，也皆为手抄本，因而传播并不广。

为了能让更多的人阅读到黄丕烈校宋本《齐民要术》，也为了使黄丕烈校宋本得到进一步传播，清藏书家陆心源决定将黄丕烈校宋本刊印成书。陆心源于光绪年间将黄丕烈校宋本刊印成书，在刊印该本的同时，再列出《秘册汇函》本《齐民要术》与之相异的内容，以供对比，此刊印本编入其所编纂的《群书校补》一书中。

黄丕烈这一系的校宋本，有黄丕烈校宋本原本，加上四种转录本、四种再转录本及陆心源的刊印本，共有十种校宋本，再加上劳格这一系的校宋本，共有十一种校宋本。

这样，自南宋开始，直到清朝，张辚刻本逐渐形成了十一种校宋本。张辚刻本虽失，但张辚刻本的内容仍基本被保存在各校宋本中，这些校宋本在被转录或刊刻时难免会有错误，但这些版本毕竟是院刻本的覆刻本，在一定程度上保存了院刻本的原貌，所以在内容上仍胜过后来的许多版本。

四、明抄南宋本

明代有一根据南宋刻本抄录的抄本，那就是清末民初江苏江宁邓邦述（1868—1939）群碧楼所藏明抄南宋本，这是目前唯一一部完帙不缺的宋本《齐民要术》，也是目前所存《齐民要术》版本中最完整的一个本子。这个明抄本与保存在校宋本上的龙舒本内容相比基本相同，也颇有不同之处，据此推断，明抄本所依据的原本不是张辚初刻的龙舒本，而很可能是经一番校勘后的龙舒本的再刻本。该版本整书没有缺页、错页及涂改等明显讹误，虽偶有脱字，但很少，书写工整清晰，因而这是一难得的一个佳本，学术价值相当高。只是这一版本出自于南宋版本之后，已经过几度辗转传抄，与北宋院刻本已有差距，不及院刻本更接近《齐民要术》原貌。

该抄本为足本，每半页 10 行，每行大字 17 个，小字 24 或 25 个，在文字上虽有错脱之处，但抄写精美，版本质量好，可以校正龙舒本甚至院刻本的一些错字。在《齐民要术》诸多版本当中，明抄本以其完整的卷帙与内容备受人们关注，它与前述的院刻本、金抄本成为三个最有价值的版本，可谓鼎足而三，三本互校，可取长补短，能解决不少学术问题，特别是校勘上的问题。

民国十一年（1922），上海商务印书馆据江宁邓氏群碧楼藏明抄南宋本影印，编入《四部丛刊》，影印很清晰，有线装本和平装缩印本两种，这就是通行的《四部丛刊》本，又有 1956 年中华书局排印本。

第二章

元代版本及《农桑辑要》一书的引录

到目前为止，我们还没有见到过真正元代版本的《齐民要术》，也就是说，元代版本的《齐民要术》没有流传下来。笔者翻检了所见到的明代版本的《齐民要术》，在这些明代版本的《齐民要术》中出现了一些新增的较为明显的讹误。从书中的这些讹误来推断，这些讹误应是来自于元代版本的《齐民要术》，因为这些讹误在元代版本之前的宋代版本中并未出现，而只能是来自所据刻的元代版本，由此可见元代版本的《齐民要术》质量并不甚好。由此也可以推知，历史上很可能有过元代版本的《齐民要术》，这些版本可能是官刻的，也可能是私刻的，而有的学者认为私刻的可能性较大。

元世祖忽必烈时期，元政府司农司编写了一部指导全国农业生产的专著——《农桑辑要》。从《农桑辑要》全书的内容来看，该书在思想构架和内容安排上即以《齐民要术》为蓝本，并成段、成篇地引用《齐民要术》的内容。因《农桑辑要》是官修农书，所用的《齐民要术》当是国家所藏善本，或很可能接近北宋院刻本的原貌，其质量应该优于其他元刻本的《齐民要术》。这样，在《农桑辑要》中就保存了很多具有极高价值的、两宋本的《齐民要术》资料，这对于校订其他特别是元以后版本的《齐民要术》具有很好的参考价值。但《农桑辑要》只是引用而非全录《齐民要术》的内容，而且所引用内容主要集中在前六卷，因此《农桑辑要》所保存的《齐民要术》一书的资料是有局限的。

据学者们推断，元代版本的《齐民要术》很可能是私刻，而不是官刻，其刻成是在《农桑辑要》成书之后，所据原本当然是宋本，有南宋本，或者也有北宋本。因此，元代版本的《齐民要术》在内容上还是具有较高价值的，这些有价值的内容就我们今天所见主要体现在《农桑辑要》所选录的内容上。

第三章

明代版本

一、马直卿的湖湘本

此版本是明代藏书家马直卿于明世宗嘉靖三年（1524）刻于湖湘任上，世称湖湘本。马直卿之生平，史缺记载。湖湘本《齐民要术》每半页 10 行，每行 17 字，该书现藏中国农业科学院国家农业图书馆。

湖湘本所据原本当为元刻本或元刻本之覆刻本。从书之内容来看，湖湘本出现的空脱、错讹较多，并有脱页、脱段现象。从现存的《齐民要术》各版本来看，较严重的错乱始于湖湘本，这些错乱当源于所据元刻本。马直卿在刊刻此书时，秉持极谨慎的态度，力求保持所据原本的原貌，不随意改动，并在书的正文之上、版框之下的空隙加刻原刻书人的校语，这是湖湘本的特点，为其他刻本所不及。湖湘本校勘、刊印谨慎，以避免新的错误，但未能弥补所据原本之漏劣，也说明从元刻本开始，坏本已开始流传，贻误后世。

湖湘本虽有众多错乱，但它源于元刻本，而元刻本又源于两宋刻本，所以湖湘本在一定程度上还是保存了两宋刻本原貌，具有一定的参考价值。

二、《秘册汇函》—《津逮秘书》本

明神宗万历二十六年（1598），著名文学家、藏书家、浙江海盐人胡震亨（1569—1642）于北京得一明刻本《齐民要术》，经他与藏书家、嘉兴人沈汝纳（字士龙），学者、海盐人姚士麟（字叔祥）校订后于万历三十一年（1603）前刻印成书，列为其所编纂的《秘册汇函》丛书之一种，故该刻本《齐民要术》被称为《秘册汇函》本。此本每半页9行，每行18字，注以小字双行排列，每行36字。

胡震亨曾为该书写一跋，说明该书得之于北京灯市，未指明所据为何种版本，但以书之内容与后出的《津逮秘书》本相比较，该本实出自嘉靖朝已刻印湖湘本系统本，故而脱错较多。

明熹宗天启元年（1621），《秘册汇函》全辑尚未刊刻完毕即遇火毁版，胡震亨遂将20余函残版（其中有《齐民要术》原版，损毁不大）转让给藏书家、出版家毛晋（1599—1659），毛晋将《秘册汇函》版的书编入其所编辑的汲古阁《津逮秘书》丛书中，对《齐民要术》原版稍作修补改动后印出，遂又有《津逮秘书》本之名。《秘册汇函》版《齐民要术》即经毛晋修补，后出的《津逮秘书》本，与《秘册汇函》本稍有不同。《津逮秘书》本与《秘册汇函》本虽稍有不同，但《津逮秘书》本是《秘册汇函》本的翻印，实为一种书，再加上后来《津逮秘书》本《齐民要术》的大量翻印，逐渐超过《秘册汇函》本，所以后来人们一般以《津逮秘书》本这一名称，代指《秘册汇函》—《津逮秘书》本这一系列，书名一般称之为《津逮秘书》本。《津逮秘书》本所据刻原版应是湖湘系统本。

《齐民要术》自湖湘本开始出现错乱，而《秘册汇函》—《津逮秘书》本源出于湖湘系统本而更加错乱，书中错字、脱页、脱空、墨钉等甚多，在校勘上更是任情予夺，随意改动、删减，误多正少，甚至把正确的改成错误的，书印成之后，成书的检验也很粗疏。

明代刊印的《齐民要术》主要有三种版本：马直卿的湖湘本、华亭沈氏竹东书舍刻本、《秘册汇函》—《津逮秘书》本，在这三种版本中，马直卿的湖湘刻本、华亭沈氏竹东书舍刻本皆胜过《秘册汇函》—《津逮秘书》本。虽然《秘册汇函》—《津逮秘书》本质量是最差的，但该本名气大，印数多，抄本也不少，流传广，影响大，在当时《齐民要术》的流布过程中占据主导地位。从该书的印成到清嘉庆九年（1804）《学津讨原》本出现之前的近170年间，《秘册汇函》—《津逮秘书》本成为《齐民要术》流布的主要版本，其以讹传讹的影响也深远，人们在引用该书时稍不注意就会引用了错误的内容，作为一种版本，其影响直至清朝的《学津讨原》本、崇文书局本、《观象庐丛书》本。《秘册汇函》—《津逮秘书》本的影响还远及日本，1744年的山田罗谷刻本和1826年的仁科干覆刻本即为它的余绪，讹误流传至国外。

第四章

清代版本

一、《学津讨原》本

清朝乾隆嘉庆时期，人们逐渐认识到明刻本的严重错乱并开始对明刻坏本进行校勘、纠正。清嘉庆九年（1804），著名藏书家、刻书家张海鹏（1775—1816）以所得明胡震亨《秘册汇函》残版为原本刊印《齐民要术》，并由当时著名的藏书家、校勘家黄廷鉴（1762—1842）来校勘，刊印以后的《齐民要术》被编入所编辑的《学津讨原》丛书，故这一版本的《齐民要术》被称为《学津讨原》本。此本每半页10行，小字双行，大小字每行皆21字。

黄廷鉴校勘的《学津讨原》本是第一个校正《秘册汇函》本的错乱并刊行的版本。黄廷鉴校勘的《秘册汇函》本《齐民要术》，前六卷几乎完全依据元朝的《农桑辑要》，因《农桑辑要》前六卷保存有许多两宋本《齐民要术》的资料，这对于校正《秘册汇函》本的错字、补正脱文和脱页、厘清正文和注文具有很大的帮助。但《农桑辑要》中的资料毕竟又是引自两宋本，这样，引自《农桑辑要》的资料是间接引自两宋本，并不完全可靠，中间或有差异，应用不当，或可致误；黄廷鉴对卷七以下的校勘则未引用《农桑辑要》，而是以传统的字书及《齐民要术》所引之书的原文来校对，或凭己意以断，所校大多正确，但校对内容不多。

黄廷鉴校勘《秘册汇函》本《齐民要术》时并没有参照校宋本，更没有参照以前的两宋刻本，所依据的只是聚珍版《农桑辑要》，而聚珍版的《农桑辑要》系辑自类书《永乐大典》，该版《农桑辑要》先经分拆，又再辑合，已非元朝原本，存有脱错自是难免，黄廷鉴据此本《农桑辑要》来校勘必打折扣，再加上对第七卷以下的校勘并不多，就整本书来说，所遗留的脱错也还不少。但黄廷鉴的校勘毕竟纠正了《秘册汇函》本的许多错误，总的来说，《秘册汇函》本校勘后再印而形成的《学津讨原》本还是一个比较好的版本。

二、湖北崇文书局本

清光绪元年（1875）夏，湖北崇文书局据明代《津逮秘书》本《齐民要术》校勘刊印，为刻本，世称崇文书局本。此本共十卷，线装，一函（函之尺寸为27.2厘米×17.4厘米）四册，正文每页24行，每行24字，小字双行，行满亦24字，黑口，四周双边，双鱼尾，版框19.5厘米×15厘米。内封面题记：光绪纪元夏月湖北崇文书局开雕，书钤有“同善教会”阳文正印。该本《齐民要术》印前校勘粗疏，因袭原错较多，影响了版本质量。山东省寿光市博物馆藏有该版《齐民要术》的原本，是世传较完整的版本之一，具有较高的研究和收藏价值(图3)。

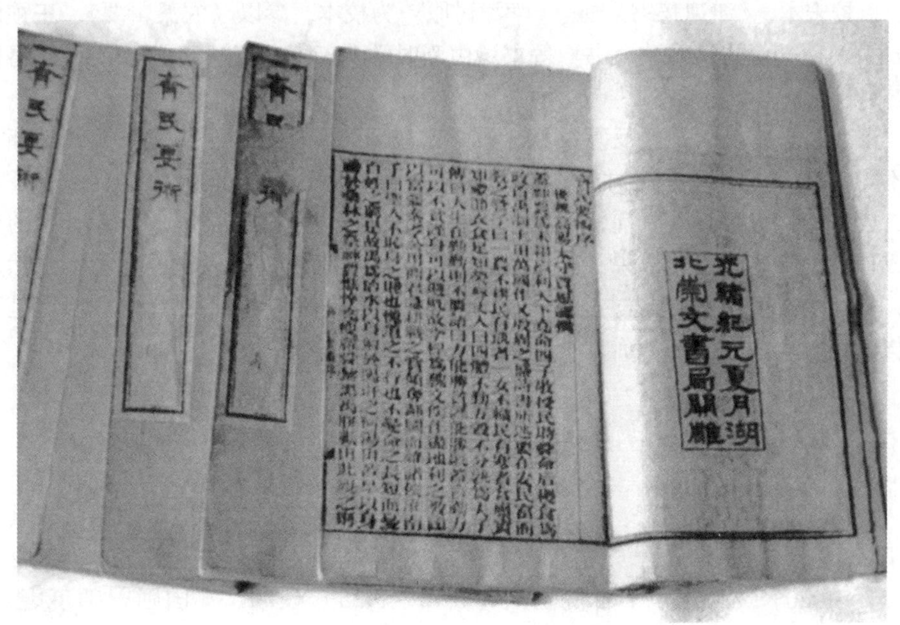

图3　湖北崇文书局本《齐民要术》

三、《观象庐丛书》本

清光绪年间四川彭县学者吕调阳（1832—1892）校勘刻印，并编入其所编纂的《观象庐丛书》，世称《观象庐丛书》本。此本每页 18 行，每行 22 字。这是一节录校读本，抄录自毛晋汲古阁《津逮秘书》本，所据校本主要是校宋本，有些内容为吕氏校改。《观象庐丛书》初版时并未收《齐民要术》，光绪十四年（1888）版《观象庐丛书》已收，编在三十七至三十九册。这是一较完整的本子，校勘也比较好。

四、渐西村舍本

清光绪二十二年（1896），大臣、学者袁昶（1846—1900）刊印，因编入其所编纂的丛书《渐西村舍丛刊》，故称渐西村舍本。此本每半页 9 行，每行 21 字；小字双行，亦每行 21 字。渐西村舍本《齐民要术》据刻原本是经吾点校勘过的湖湘本，以校宋本、《津逮秘书》本、《学津讨原》为校本，参以《农桑辑要》、王祯的《农书》、徐光启的《农政全书》等书，由当时学者刘寿曾（1838—1882）、刘富曾在吾点校勘的基础上再校。

渐西村舍本是一个经反复校勘、质量比较好的清代刻本，纠正了明代湖湘本的不少错乱，是继《学津讨原》本之后又一校正明代刻本讹误的本子。由于刘氏二人未能充分吸收时人前贤的校勘成果，特别是同时代校勘家、学者吾点的校勘成果及校宋本的已有成果，刘氏二人的校勘又不彻底，所以渐西村舍本虽然后出，但在质量上也只是超过前朝的湖湘本，与稍前的《学津讨原》本相比是互有优缺点，不相上下，从而未能胜过《学津讨原》本（图 4）。

五、龙溪精舍本

此本原为清末藏书家、广东潮阳人郑国勋（1870—1922）收藏，因收入其所编集的丛书《龙溪精舍丛书》，故称龙溪精舍本，满族史学家、学者唐晏（1857—1920）与诗人、学者倪澄瀛（1875—1935）校勘。郑国勋曾师事唐晏，遂请唐晏为刻所辑丛书《龙溪精舍丛书》，所以龙溪精舍本《齐民要术》实为唐晏刊刻。此本每半页 9 行，每行 18 字。校勘所据为高山寺本、渐西村舍本及北宋类书《太平御览》。第五、第八卷主要依据高山寺本；其余各卷基本依据渐西村舍本，但亦依据崇文书局本、《津逮秘书》本，致使此版本“存讹夺正，弃瑜

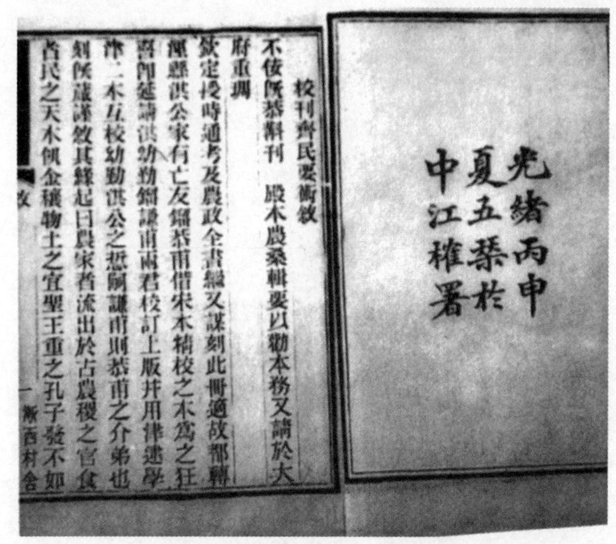

光緒丙申夏五栞於中江榷署

校刊齊民要術敘
不佞既恭繹刊　殿本農桑輯要以勸本務又請於大
府重興
欽定授時通考及農政全書編又謀刻此冊適故鄂轉
運縣洪公家有亡友劉恭甫借宋本精校之本寫之狂
喜即延請洪叔勃銘劉謙甫兩君校訂上版并用津逮學
津二本互校叔勃洪公之悊嗣謙甫則恭甫之介弟也
刻既蕆謹敘其緣起曰農家者流出於古農稷之官食
者民之天未佩金穰物土之宜墾王重之孔子發不如
敘　　　　　　　　　　　　　　　　　　一　漸西村舍

图 4　渐西村舍本《齐民要术》

录瑕，不惟远逊渐西之刻，更失校宋之真。”① 可见龙溪精舍本第五、八卷的校勘比较精审，而其他各卷的校勘还存有不少误校（图 5）。

图 5　龙溪精舍本《齐民要术》

① 栾调甫．齐民要术版本考［J］．国学汇编，1934，(2)：34.

第五章

民国时期版本

一、民国八年商务印书馆影印本

这是民国八年（1919）上海商务印书馆根据上海涵芬楼借江宁邓氏（邓邦述）群碧楼藏明抄本影印的一个本子，编于《四部丛刊》子部，称之为《四部丛刊》本，而江宁邓氏群碧楼藏明抄本即是南宋绍兴十四年（1144）张辚刻本的明抄本。《四部丛刊》本《齐民要术》是两宋系统本中唯一完整无缺的版本，也是民国时期众多版本中最好的一种。书十卷，函装，一函（书函尺寸为20厘米×13.3厘米）四册，书线装，原书页心高营造尺（营造尺是唐以来营造工程中所用的尺子，又称部尺，1营造尺合现在的0.32米）六寸五分，宽五寸。书之正文每页10行，每行17字，小字双行，字数不等，白口，四周单边，单鱼尾，版框长宽为14.7厘米×10.5厘米。内封牌记载：《齐民要术》十卷，《四部丛刊》子部，上海涵芬楼借江宁邓氏群碧楼藏明抄本影印，原书页心高营造尺六寸五分，宽五寸，前有《〈齐民要术〉序》。

该书印刷字体较大，字迹清晰，便于阅读，在当时对于推广古代农业知识起了积极的作用。

民国八年（1919）上海商务印书馆另一影印本与上述影印本稍有差异，书函尺寸为20.1厘米×13.1厘米，版框长宽为14.2厘米×10.8厘米。内封牌记载：上海涵芬楼借江宁邓氏群碧楼藏明抄本影印，原书页心高营造尺六寸五分，宽五寸，书前有《〈齐民要术〉序》，书后有葛祐之后序。其余内容相同。

二、民国十八年商务印书馆影印本

这是民国十八年（1929）上海商务印书馆据江宁邓氏（邓邦述）群碧楼藏明抄本影印的一个本子。十卷，函装，一函（书函尺寸为20.1厘米×13.3厘米）四册，书线装，原书页心高营造尺（营造尺是唐以来营造工程中所用的尺子，又称部尺，1营造尺合现在的0.32米）六寸五分，宽五寸。书之正文每页10行，每行17字，小字双行，字数不等，白口，四周单边，单鱼尾，版框长宽为14.7厘米×10.6厘米。内封牌记载：上海涵芬楼借江宁邓氏群碧楼藏明抄本影印。该书印刷字体较大，字迹清晰，便于阅读，在当时对于推广古代农业知识起了积极的作用。

这一版本与民国八年（1919）影印的《齐民要术》所据底本相同，皆为江宁邓氏（邓邦述）群碧楼藏明抄本，内容相同，只是在出版形态上稍有差异。

三、民国十八年中华书局铅印本

这是民国十八年（1929）上海中华书局据清代《学津讨原》本校勘而铅印的一个本子，属于《四部备要》子部中的一种。十卷，函装，一函（书函尺寸为19.5厘米×13.3厘米）四册，书线装。书之正文每页10行，每行20字，小字双行，字数相同，白口，四周单边，单鱼尾，版框长宽为14.7厘米×10.6厘米。内封牌记载：上海中华书局据《学津讨原》本校刊。版心下方题：中华书局聚珍仿宋版印。这是为推广中国古代农业知识而刊行的一个本子。

四、国学基本丛书简编本

该书是民国二十二年（1933）上海商务印书馆印行的国学基本丛书简编本中的一种，书一册，长19厘米。该书采用万有文库版本印行，万有文库本原装分订为两册，每册页数各自起止，商务印书馆在印行这一版本时，合订两册为一册，而书之页数仍如万有文库本。书繁体竖排，自左始读，正文每页14行，每行40字，正文字体有如小四号字那样大小，正文中的双行小字则更小，不便阅读。在当时历史条件下，该书对于普及国学知识、推广中国古代农业知识起了积极的作用（图6、图7、图8）。

图6　国学基本丛书简编本《齐民要术》

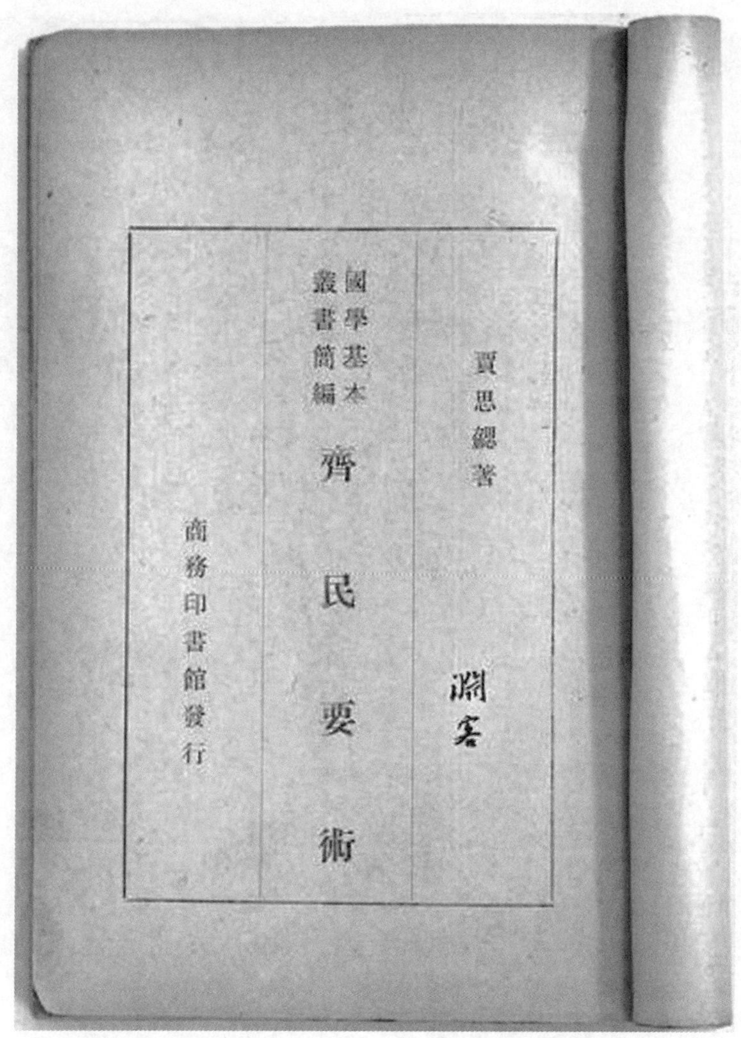
賈思勰著
淵客
國學基本叢書簡編
齊民要術
商務印書館發行

图 7　国学基本丛书简编本《齐民要术》扉页

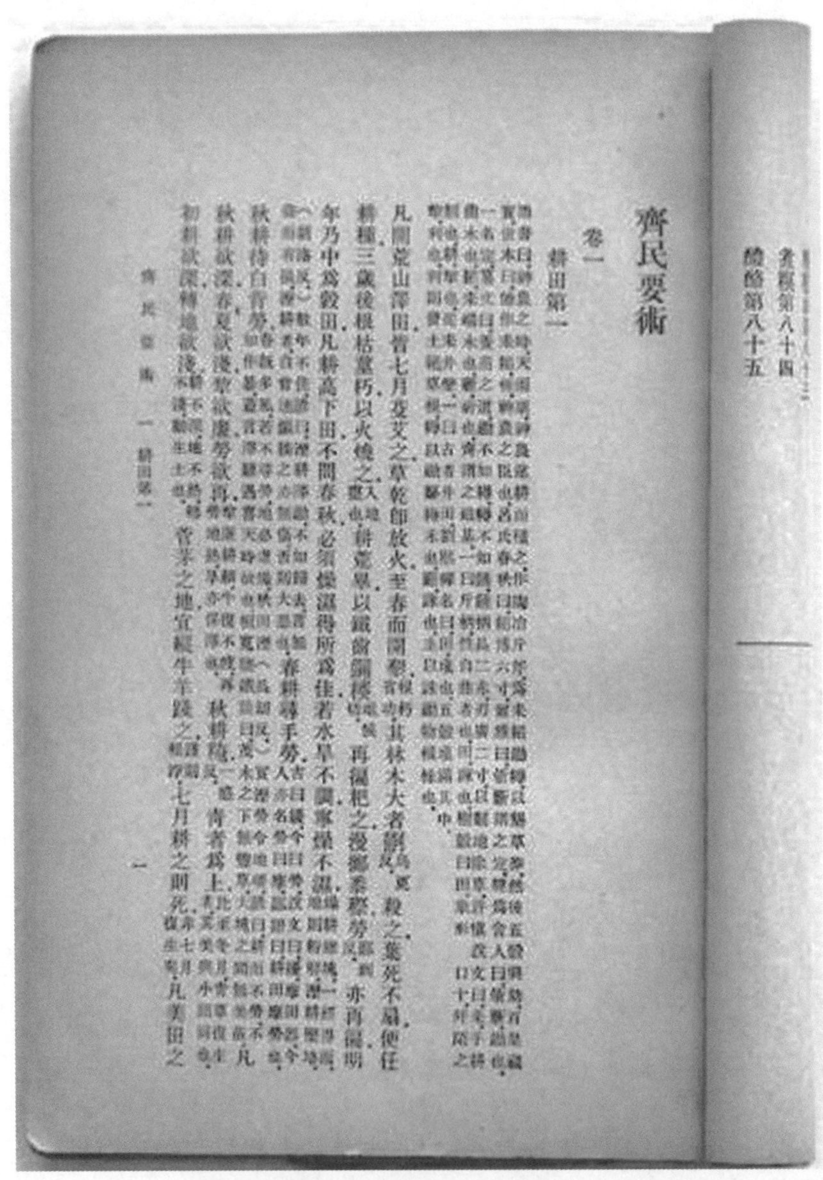

齊民要術

卷一

耕田第一

凡開荒山澤田，皆七月芟艾之，草乾即放火，至春而開墾。其林木大者劉殺之，葉死不扇，便任耕種。三歲後，根枯莖朽，以火燒之。耕荒畢，以鐵齒鏂楱再徧杷之，漫擲黍穄，勞亦再徧。明年乃中為穀田。凡耕高下田，不問春秋，必須燥濕得所為佳。若水旱不調，寧燥不濕。

秋耕待白背勞。春耕尋手勞。

秋耕欲深，春夏欲淺。犂欲廉，勞欲再。秋耕稀青者為上。

初耕欲深，轉地欲淺。菅茅之地，宜縱牛羊踐之，七月耕之則死。凡美田之

齊民要術　一　耕田第一　一

图 8　国学基本丛书简编本《齐民要术》正文

五、民国二十五年中华书局铅印本

这是民国二十五年（1936）上海中华书局据清代《学津讨原》本校勘而铅印的一个本子，属于《四部备要》子部中的一种。十卷，函装，一函（书函尺寸为21.2厘米×13.6厘米）四册，书线装。书之正文每页13行，每行20字，小字双行，字数相同，黑口，四周单边，单鱼尾，版框长宽为14.7厘米×10.6厘米。内封牌记载：《齐民要术》，《四部备要》子部，上海中华书局据《学津讨原》本校刊。版心下方题：中华书局聚珍仿宋版印，前有《〈齐民要术〉序》。

同年，中华书局还铅印了另一版《齐民要术》，亦函装，书函尺寸为19.9厘米×13.3厘米，版框长宽为14.3厘米×10.4厘米，余皆与上段所述相同。

这一版本与民国十八年（1929）版《齐民要术》所据底本相同，皆为《学津讨原》本，内容相同，只是在出版形态上有差异。这也是为推广中国古代农业知识而刊印发行的一个本子。

六、《四部丛刊》缩印本

此版本《齐民要术》编在《四部丛刊》初编子部，148页，书长23厘米，是据上元（江宁）邓氏（邓邦述）群碧楼藏明抄本缩印，民国二十五年（1936）由上海商务印书馆印刷。关于《四部丛刊》本《齐民要术》的介绍参见本章一所述。

七、《丛书集成初编》本

《丛书集成初编》是近代学者王云五（1888—1979）主编的一部以“合乎实用”“流传孤本”为目的的大型丛书，商务印书馆于1935—1937年间编印。《丛书集成初编》本《齐民要术》则是长沙商务印书馆于民国二十八年（1939）所刊印，书分两册，长17厘米，285页，繁体竖排，这是抗日战争全面爆发后商务印书馆迁到内地所印行的《齐民要术》的一个重要版本，对于在抗战时期坚持宣传普及古代农业知识起了积极的作用。

八、《万有文库》国学基本丛书本及丛书简编本

《万有文库》是近代学者王云五（1888—1979）主编的一套大型丛书，共收

书 1 721种，4 300余册，由上海商务印书馆于 1929—1937 年间编印。这 1721 种丛书又分两集：第一集收 13 种丛书，共 1 000种书，分装 2 000册；第二集收 4 种丛书，共 700 余种书，分装 2 300册。

《齐民要术》原属《万有文库》之《国学基本丛书》第一集中的一种，民国十九年（1930），上海商务印书馆刊印该书，书长 17 厘米，120 页。

后来，商务印书馆又编辑出版《万有文库第一二集简编》，共计选书 500 种，凡 1 200册，书目较为齐全，简编本《齐民要术》即为《万有文库第一二集简编》中的一种，民国二十八年（1939）由上海商务印书馆出版发行，书分两册，120 页，长 17 厘米。简编本《齐民要术》有利于人们较快地学习《齐民要术》的主要内容，对于推广普及中国古代农业知识起了积极的作用。

九、世界书局版《齐民要术》

该版《齐民要术》是近代学者杨家骆主编、刘雅农总校的《世界文库》之《四部刊要》中的一种，与《农家佚书辑本九种》一起刊印，1948 年 3 月由台北世界书局出版。此书印刷时未明确载明所据底本为哪一版本，书前附有南宋张辚好友镇江人葛祐之的序及明代文学家、思想家王廷相的序，大概当是以张辚的龙舒本为底本并参以马直卿的湖湘本印刷的。此书 32 开，每页 15 行，《齐民要术》原来的正文及注文皆单行排列，印刷字体较小，不便阅读。

1988 年，台北世界书局又出版《齐民要术》一书，这次出版是影印自清摛藻堂《四库全书荟要》。清乾隆三十七年（1772）开始编修《四库全书》，次年，清高宗命馆臣撷其精华，缮为《四库全书荟要》，以先睹为快。乾隆四十三年（1778）缮成两部，一部存于圆明园长春园味腴书室，后毁于 1860 年英法联军入侵之役；一部存于御花园摛藻堂，今在台北。台北世界书局 1986—1988 年影印《四库全书荟要》，16 开，精装 500 册，共收书 463 种（经部 173 种、史部 70 种、子部 81 种、集部 139 种），计 20 828 卷，原本 11 178 册。此书原本供清高宗自览，且成书较早，书品精美非库本可比，而且更为可贵的是书中文字多据原本抄录，未经篡改，书前提要亦保持原貌，具有更高的文献价值。

《齐民要术》作为《四库全书荟要》中的一种，编在子部农家类第十三册，该书由大臣王杰、详校官陈木详校，由誊录监生誊录。此书长 27 厘米，602 页，满页 16 行，文字誊写清晰，内容校订较精，是一个较好的《齐民要术》版本（图 9、图 10、图 11）。

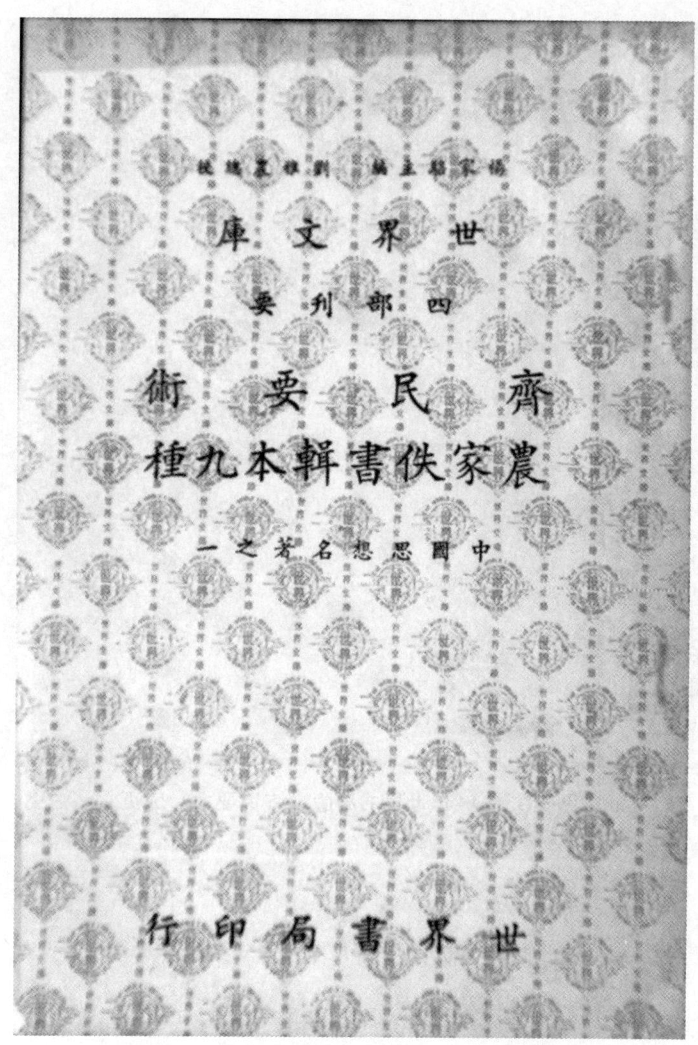

图 9　1948 年世界书局版《齐民要术》

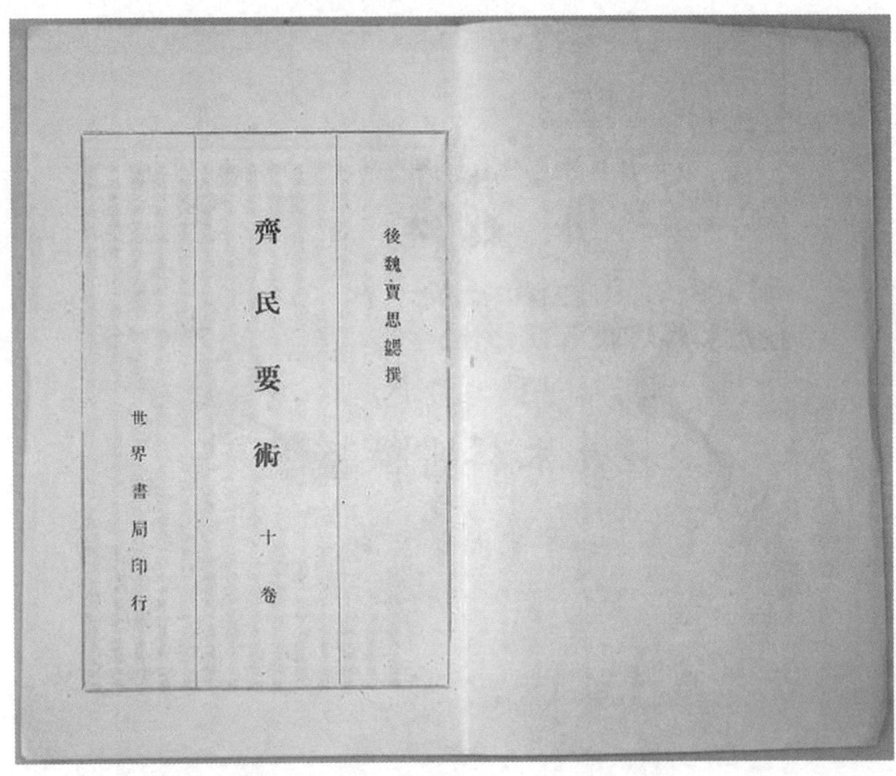

图 10　1948 年世界书局版《齐民要术》扉页

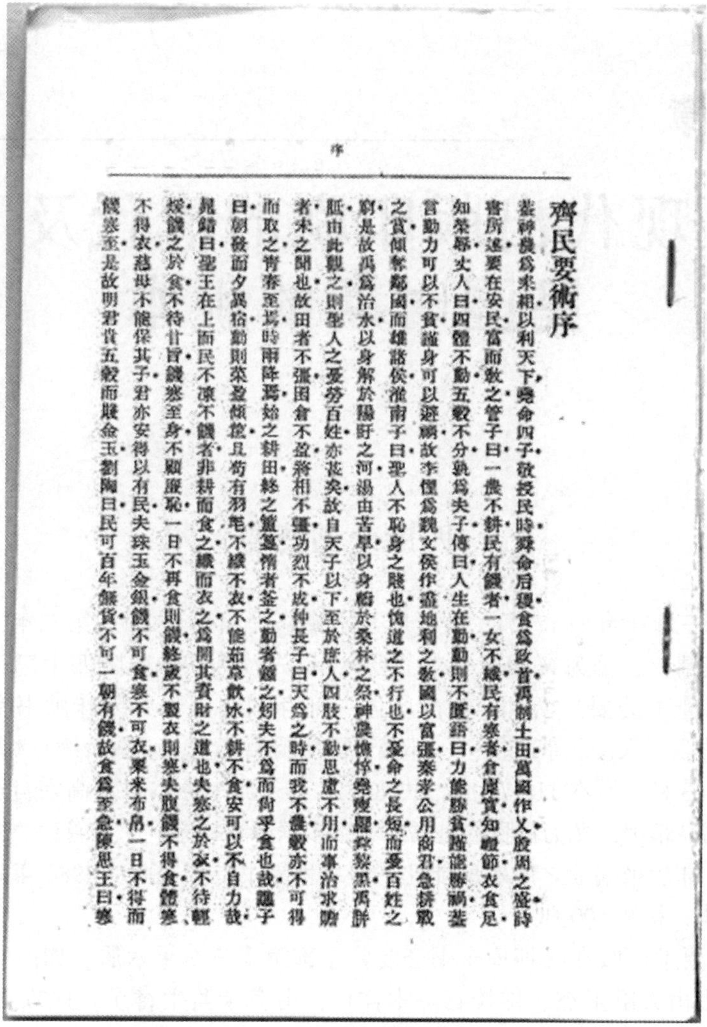

序

齊民要術序

蓋神農爲耒耜以利天下堯命四子敬授民時舜命后稷食爲政首禹制土田萬國作乂殷周之盛詩
書所述要在安民富而教之管子曰一農不耕民有饑者一女不織民有寒者倉廩實知禮節衣食足
知榮辱丈人曰四體不勤五穀不分孰爲夫子傳曰人生在勤勤則不匱語曰力能勝貧謹能勝禍蓋
言勤力可以不貧謹身可以避禍故李悝爲魏文侯作盡地利之教國以富彊秦孝公用商君急耕戰
之賞傾奪鄰國而雄諸侯淮南子曰聖人不恥身之賤也愧道之不行也不憂命之長短而憂百姓之
窮是故禹爲治水以身解於陽盱之河湯由苦旱以身禱於桑林之祭神農憔悴堯瘦臞舜黎黑禹胼
胝由此觀之則聖人之憂勞百姓亦甚矣故自天子以下至於庶人四肢不勤思慮不用而事治求贍
者未之聞也故田者不彊囷倉不盈將相不彊功烈不成仲長子曰天爲之時而我不農穀亦不可得
而取之青春至焉時雨降焉始之耕田終之簠簋惰者釜之勤者鍾之矧夫不爲而尚乎食也哉譙子
曰朝發而夕異宿勤則菜盈傾筐且苟有羽毛不織不衣不能茹草飲水不耕不食安可以不自力哉
晁錯曰聖王在上而民不凍不饑者非耕而食之織而衣之爲開其資財之道也夫寒之於衣不待輕
煖饑之於食不待甘旨饑寒至身不顧廉恥一日不再食則饑終歲不製衣則寒夫腹饑不得食體寒
不得衣慈母不能保其子君亦安得以有民夫珠玉金銀饑不可食寒不可衣粟米布帛一日不得而
饑寒至是故明君貴五穀而賤金玉劉陶曰民可百年無貨不可一朝有饑故食爲至急陳思王曰寒

图 11　1948 年世界书局版《齐民要术》正文

第六章

现代出版印刷的清代及民国时期的版本

一、《四库全书荟要》本

清乾隆三十七年（1772），清政府开始纂修《四库全书》，第二年，清政府又命馆臣撷其精要，编为《四库全书荟要》，以先读为快。乾隆四十三年（1778），编成《四库全书荟要》两部。如前所述一部存圆明园长春园味腴书室，后毁于1860年英法联军入侵北京之役；一部存于御花园摛藻堂，现在台湾。《四库全书荟要》收书463种，原本11 178册，共20 828卷。此书原本供清高宗自览，而且成书较早，书品精美，尤为可贵的是书中文字多据原本抄录，未经篡改，书前提要也保持原貌，非后来编成之库本所能比。台北世界书局于1986—1988年间曾据以影印，16开本，精装500册。

《齐民要术》收在《四库全书荟要》子部第十三至十六册。如前所述《齐民要术》一书由大臣王杰、详校官陈木详校，由誊录监生誊录。1997年5月吉林人民出版社影印出版该书，该本是影印自摛藻堂《四库全书荟要》，书16开，每页分上下两半，满页16行，字誊写清晰，内容校订较精，是一个较好的《齐民要术》版本（图12）。

图 12　《四库全书荟要》本《齐民要术》

二、《四部丛刊》本

《四部丛刊》是近现代出版家张元济先生（1867—1959）编辑的古籍善本丛书，分为初编、续编和三编。初编收书 350 种，1919 年初版（线装 2 100册），1929 年重印（线装 2 112册），1936 年印缩印本（平装 400 册）。续编收书 81 种，1934 年初版（线装 500 册）。三编收书 73 种，1935—1936 年出版（线装 500 册）。三编共收书 504 种，由商务印书馆影印出版。

《四部丛刊》是民国以来最重要的古籍善本丛书，三编所收之书均按四部分类法编排。所用底本有宋元旧刻 100 余种，又有稿本、抄本、校本以及明清精刻本，日本与朝鲜所藏之古本，书后多有跋文或校勘记。

《四部丛刊》所收之书大都为当时最好的本子，收书达 3 100多册，是我国 20 世纪所出最大的一部丛书，具有很高的学术资料价值。

《四部丛刊》所收《齐民要术》为影印本，归于初编子部，分 4 册装订，编为第三五三至三五六册，所用版本为上海涵芬楼借上元（江宁）邓氏群碧楼藏明抄本。民国八年（1919）上海商务印书馆影印出版，线装，一函 4 册，民国十八年（1929）上海商务印书馆又影印出版该书一次，亦线装，一函 4 册。此本底本当为南宋张辚刻本，即张辚从芗林名士向伯恭处得到北宋仁宗天圣间崇文院校本再刊刻而形成的一个版本，是一个在时代上接近于院刻本的较好的本子，书后附有张辚好友江苏镇江人葛祐之的序。书线装，页心高营造尺六寸五分，宽五寸，每页 10 行，每行 17 字，小字双行，每行字数不等，白口，四周单边，单鱼尾，版框 14. 7 厘米×10. 5 厘米。该书印刷字体较大，字迹清晰，便于阅读。

为方便读者阅读，传播中国古代农学知识，促进人们对中国古代农业历史的研究，1984 年起上海古籍书店以 32 开精装本分 4 册影印出版该书。该书线装，黄色封面，扉页印有“齐民要术十卷”“四部丛刊子部”字样，书之内容繁体竖排，自右始读，保持了古书的样式（图 13、图 14）。

图 13　《四部丛刊》本《齐民要术》

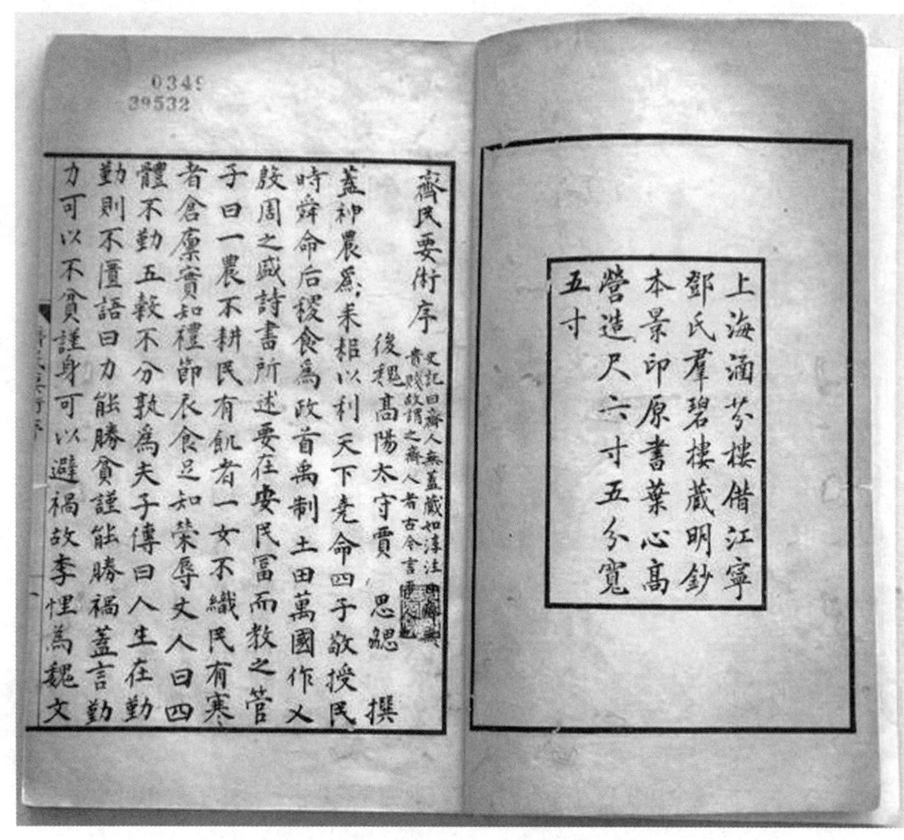

齊民要術序

後魏高陽太守賈思勰撰 史記曰齊人無蓋藏如淳注曰齊人無貴賤故謂之齊人者古今言

蓋神農爲耒耜以利天下堯命四子敬授民時舜命后稷食爲政首禹制土田萬國作乂殷周之盛詩書所述要在安民富而教之管子曰一農不耕民有飢者一女不織民有寒者倉廩實知禮節衣食足知榮辱丈人曰四體不勤五穀不分孰爲夫子傳曰人生在勤勤則不匱語曰力能勝貧謹能勝禍蓋言勤力可以不貧謹身可以避禍故李悝爲魏文

上海涵芬樓借江寧鄧氏羣碧樓藏明鈔本景印原書葉心高營造尺六寸五分寬五寸

图 14 《四部丛刊》本《齐民要术》正文

三、《四部备要》本

《四部备要》是中华书局于1920—1936年编印的一部大型丛书。该书按四部分类法分类，所选之书多为学者必备之书，且注重实用，所据底本多为清代学者精校详注本，质量较好，仿宋铅字排印，有些书影印，保持原貌。

《四部备要》所收《齐民要术》为铅印本，编在子部农家。《四部备要》本《齐民要术》是据清《学津讨原》本校刊的一个本子，《学津讨原》本又是参照元《农桑辑要》校勘的一个本子，而《农桑辑要》中的许多内容是录自宋版的《齐民要术》，又经武英殿精校，质量较高。《四部备要》本《齐民要术》民国二十五年（1936）由上海中华书局出版，书以仿宋铅字排印，线装，每函4册。书之正文每页13行，每行20字，小字双行同，黑口，四周单边，单鱼尾，版框15.2厘米×10.4厘米，字体校大，字迹清秀，便于阅读。书之版心下方题：中华书局聚珍仿宋版印。书前有《〈齐民要术〉序》，书后附有沈士龙、胡震亨、张海鹏所作的跋。2001年9月江苏古籍出版社影印出版了该版本的《齐民要术》(图15、图16、图17、图18)。

图 15 江苏古籍出版社版《四部备要》本《齐民要术》

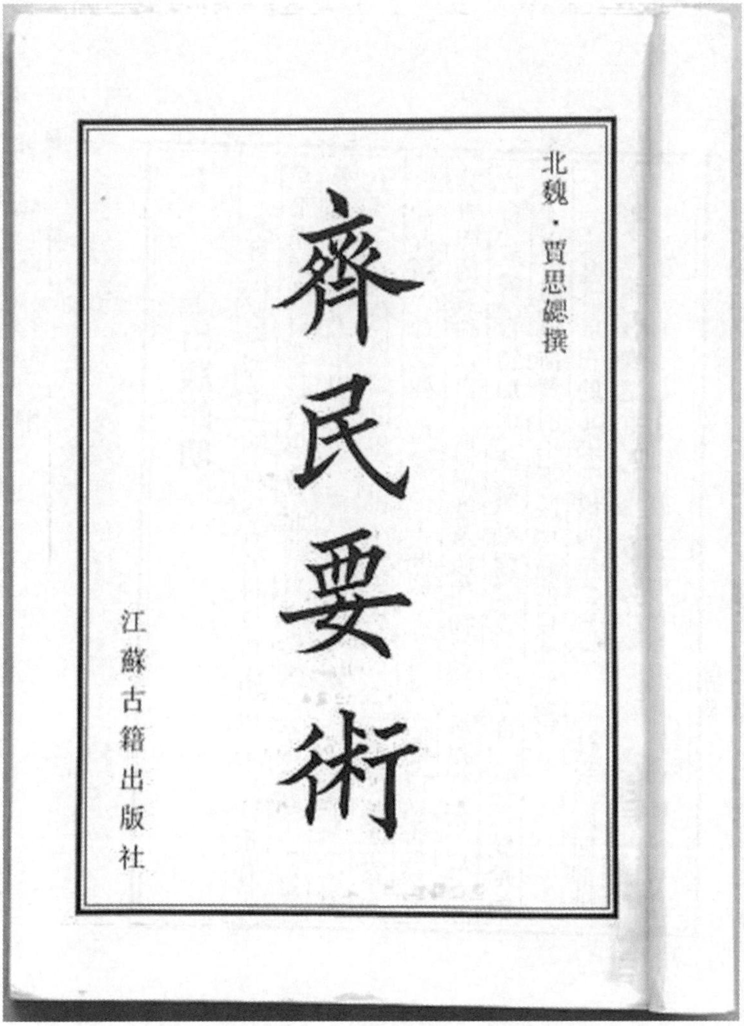

北魏·賈思勰撰

齊民要術

江蘇古籍出版社

图 16　江苏古籍出版社版《四部备要》本《齐民要术》扉页

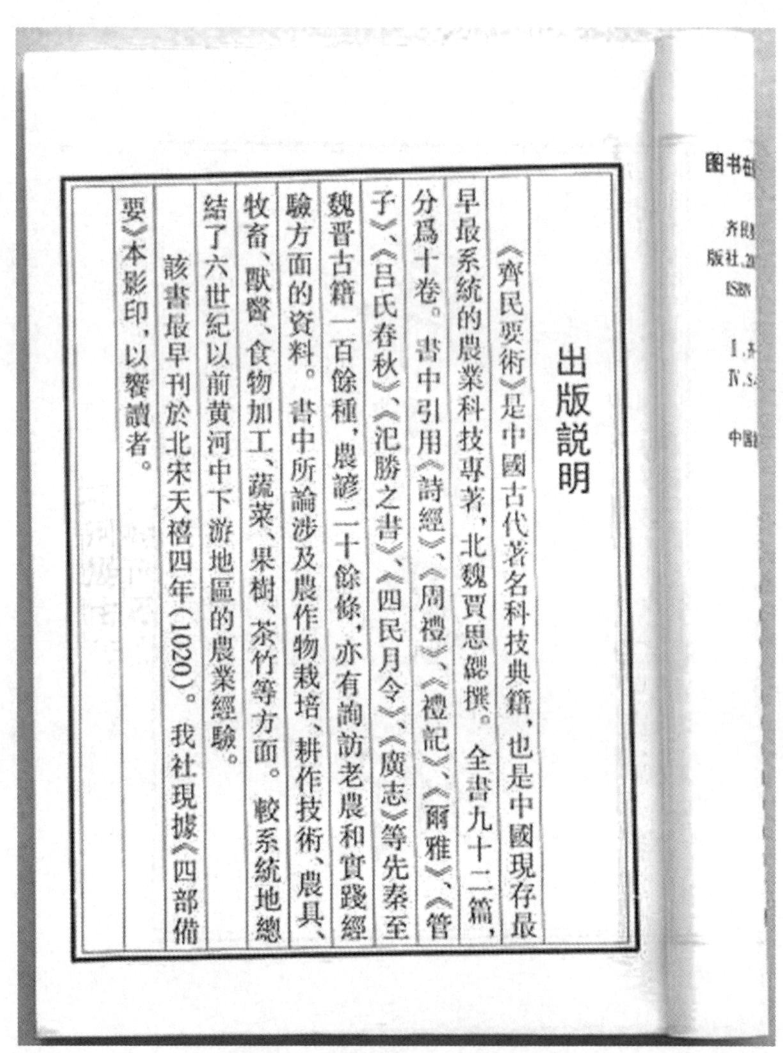

出版説明

《齊民要術》是中國古代著名科技典籍，也是中國現存最早最系統的農業科技專著，北魏賈思勰撰。全書九十二篇，分爲十卷。書中引用《詩經》、《周禮》、《禮記》、《爾雅》、《管子》、《吕氏春秋》、《氾勝之書》、《四民月令》、《廣志》等先秦至魏晋古籍一百餘種，農諺二十餘條，亦有詢訪老農和實踐經驗方面的資料。書中所論涉及農作物栽培、耕作技術、農具、牧畜、獸醫、食物加工、蔬菜、果樹、茶竹等方面。較系統地總結了六世紀以前黄河中下游地區的農業經驗。

該書最早刊於北宋天禧四年(1020)。我社現據《四部備要》本影印，以饗讀者。

图 17　江苏古籍出版社版《四部备要》本《齐民要术》的《出版说明》

齊民要術序

後魏高陽太守賈思勰撰

蓋神農爲耒耜以利天下堯命四子敬授民時舜命后稷食爲政首禹制土田萬國作乂殷周之盛詩書所述要在安民富而教之管子曰一農不耕民有饑者一女不織民有寒者倉廩實知禮節衣食足知榮辱丈人曰四體不勤五穀不分孰爲夫子傳曰人生在勤勤則不匱語曰力能勝貧謹能勝旤蓋言勤力可以不貧謹身可以避旤故李悝爲魏文侯作盡地利之教國以富彊秦孝公用商君急耕戰之賞傾奪鄰國而雄諸侯淮南子曰聖人不恥身之賤也愧道之不行也不憂命之長短而憂百姓之窮是故禹爲治水以身解於陽盱之河湯由苦旱以身禱於桑林

齊民要術　序　一　中華書局聚

1

图 18　江苏古籍出版社版《四部备要》本《齐民要术》正文

四、《丛书集成初编》本

《丛书集成初编》是近代学者王云五（1888—1979）主编的一部以“合乎实用”“流传孤本”为目的的大型丛书，商务印书馆于1935—1937年编印。《丛书集成初编》共辑得宋、元、明、清古籍丛书100部，得书6 000余种，实收4 107种，2万余卷，分为总类、哲学、宗教、社会科学、语文学、自然科学、应用科学、艺术、文学、史地10类，再分若干小类，按统一版式排印，分装4 000册，至1937年印出3 467册，缺533册，1985年中华书局重印《丛书集成初编》，补齐所缺533册。

《丛书集成初编》的编成，为学术研究提供了极大方便。《齐民要术》也被收入《丛书集成初编》，编在应用科学类之农业园艺小类，所据版本为《渐西村舍丛刊》本，因《渐西村舍丛刊》本已据宋本校勘，后出转精，并附有《秘册汇函》本所载王廷相、沈士龙、胡震亨序跋三篇及《学津讨原》本所载提要，使《渐西村舍丛刊》本《齐民要术》更完备。1985年中华书局重印《丛书集成初编》，全部书32开，繁体竖排，《齐民要术》被分为两册编排，编号为一四五九、一四六〇，书长19厘米，共285页。

《丛书集成初编》本《齐民要术》所据版本是已校勘的渐西村舍丛刊本，版本质量较好，但其中错误也不少，而且印刷开本较小，正文之下注文字更小，不便阅读（图19、图20、图21、图22）。

图 19　《丛书集成初编》本《齐民要术》

齊民要術附雜說
一
賈思勰撰
中華書局

图 20 《丛书集成初编》本《齐民要术》扉页

叢書集成初編所選秘冊彙函津逮
秘書學津討原及漸西村舍叢刊皆
收有此書秘冊本有脫文津逮學津
與秘冊同漸西據宋本校勘後出轉
精故據以排印並附秘冊所載王廷
相沈士龍胡震亨序跋三篇及學津
本所載提要於後

齊民要術

校刊齊民要術敘

不佞既恭繹刊殿本農桑輯要以勸本務又請於大府重翻欽定授時通考及農政全書糲又謀刻此册
適故鄒轉涇縣洪公家有亡友劉君甫借宋本精校之本爲之狂喜卽延請洪幼勤劉謙甫兩君校訂上
版并用津逮學津二本互校幼勤洪公之從子謙甫則君甫之介弟也劉既蔵謹叙其緣起曰農家者流
出於古農稷之官食者民之天本重金穰岫土之宜聖王重之孔子發不如稼圃之歎孟子詘九重並耕
之說特有爲言之耳李中孚不云乎士求忠行義一介不取兼以農圃治生自給者上也伊尹葛公是已
不能躬稼求茭歌以爲三孺之資者次也揚子雲所舉隱者是已爾本書乃稱治生之道不仕則農陳
義不已庳乎第是書爲農家之最古者起自耕農終於醯醢資生之樂靡不畢具籌民生本計者有取乎
爾夫士欲自立必資農務國欲自立捨重農貴粟安歸乎任氏窖粟以興漢棗祗屯田以資魏葛侯務農
殖穀以強蜀張全義課佳禾以富洛陽本富爲上末富次之斯之謂矣予嘗與西士某論事某語予
曰將來地球兼并局成可存三大國爾俄美中國是已予叩其說曰此易曉耳俄拓置土務墾殖以盡地

校刊齊民要術　敘　一

图21　《丛书集成初编》本《校刊〈齐民要术〉叙》

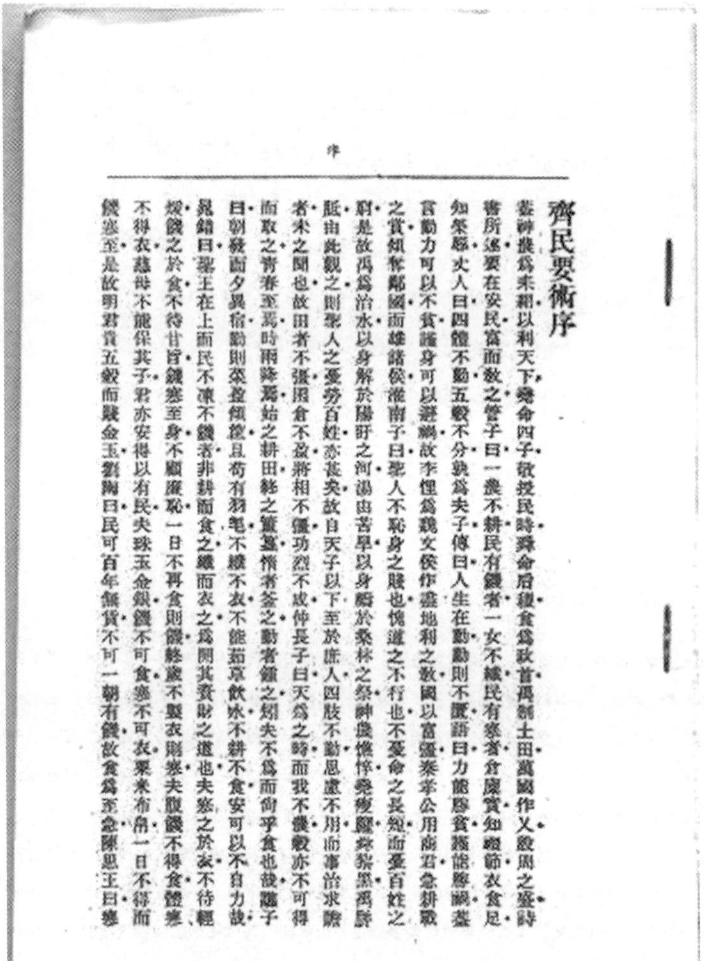

序

齊民要術序

蓋神農爲耒耜，以利天下。堯命四子，敬授民時。舜命后稷，食爲政首。禹制土田，萬國作乂。殷周之盛，詩書所述，要在安民，富而教之。管子曰：一農不耕，民有饑者；一女不織，民有寒者。倉廩實，知禮節；衣食足，知榮辱。丈人曰：四體不勤，五穀不分，孰爲夫子。傳曰：人生在勤，勤則不匱。語曰：力能勝貧，謹能勝禍。蓋言勤力可以不貧，謹身可以避禍。故李悝爲魏文侯作盡地利之教，國以富强。秦孝公用商君，急耕戰之賞，傾奪鄰國而雄諸侯。淮南子曰：聖人不恥身之賤也，愧道之不行也；不憂命之長短，而憂百姓之窮。是故禹爲治水，以身解於陽盱之河；湯由苦旱，以身禱於桑林之祭。神農憔悴，堯瘦臞，舜黎黑，禹胼胝。由此觀之，則聖人之憂勞百姓，亦甚矣。故自天子以下，至於庶人，四肢不勤，思慮不用，而事治求贍者，未之聞也。故田者不强，囷倉不盈；將相不强，功烈不成。仲長子曰：天爲之時，而我不農，穀亦不可得而取之。青春至焉，時雨降焉，始之耕田，終之簠簋，惰者釜之，勤者鍾之。矧夫不爲而尙乎食也哉。譙子曰：朝發而夕異宿，勤則菜盈傾筐。且苟有羽毛，不織不衣；不能茹草飲水，不耕不食。安可以不自力哉。晁錯曰：聖王在上，而民不凍不饑者，非耕而食之，織而衣之，爲開其資財之道也。夫寒之於衣，不待輕煖；饑之於食，不待甘旨。饑寒至身，不顧廉恥。一日不再食則饑，終歲不製衣則寒。夫腹饑不得食，體寒不得衣，慈母不能保其子，君亦安得以有民。夫珠玉金銀，饑不可食，寒不可衣。粟米布帛，一日不得而饑寒至。是故明君貴五穀而賤金玉。劉陶曰：民可百年無貨，不可一朝有饑，故食爲至急。陳思王曰：寒

图 22 《丛书集成初编》本《〈齐民要术〉序》

五、中国贾思勰学术研讨会所印《齐民要术》

这是中国贾思勰学术研讨会所使用的一个影印本，所据底本为龙溪精舍校刊本，未经出版社正式出版印刷，未著影印时间，实际上就是龙溪精舍校刊本《齐民要术》的翻印本，分上下两册装订。龙溪精舍校刊本是广东潮阳人郑国勋（1870—1922）依据高山寺本、渐西村舍本以及北宋类书《太平御览》校刊而成。此印本16开，每半页9行，每行18字。书后附有南宋葛祐之后序、明朝王廷相后序、清朝唐宴跋、近人倪澄瀛跋。关于龙溪精舍校刊本《齐民要术》的内容参见第四章“龙溪精舍本”所写（图23、图24、图25、图26）。

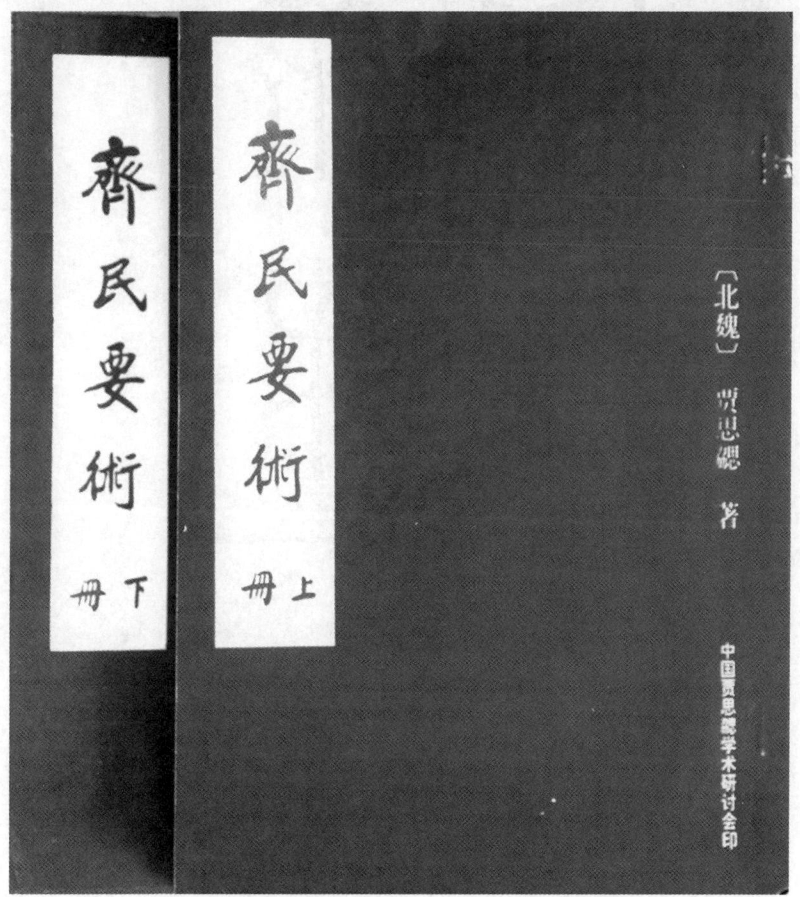

图23　中国贾思勰学术研讨会印《齐民要术》

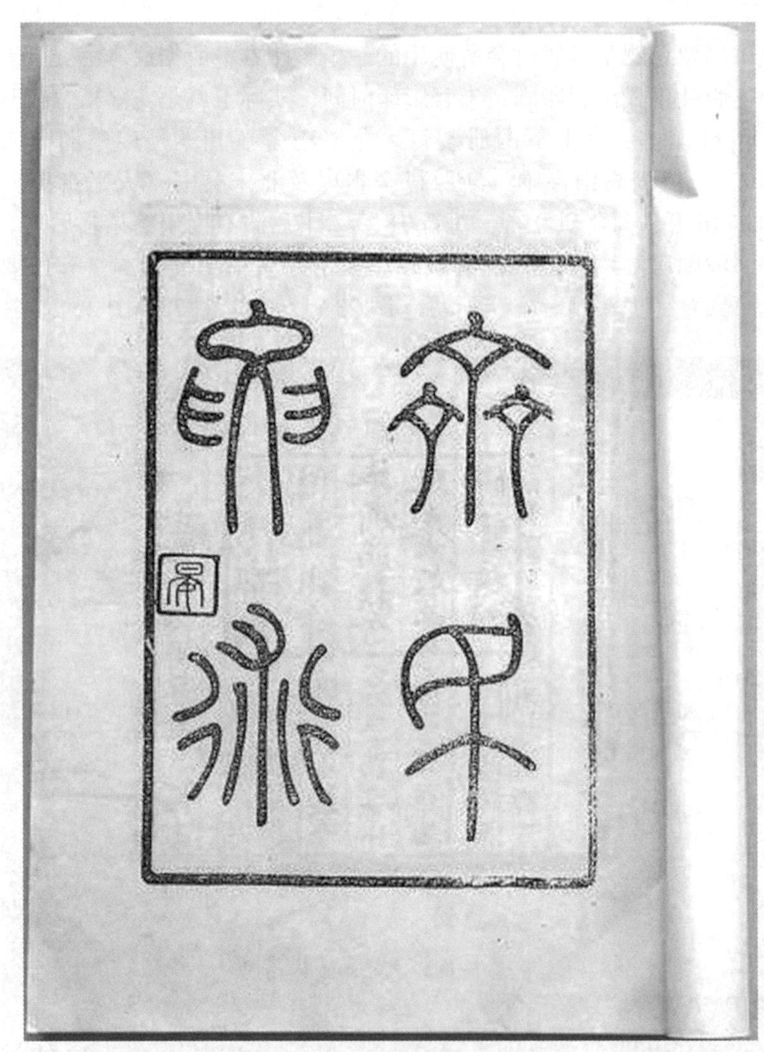

图 24　中国贾思勰学术研讨会印《齐民要术》扉页

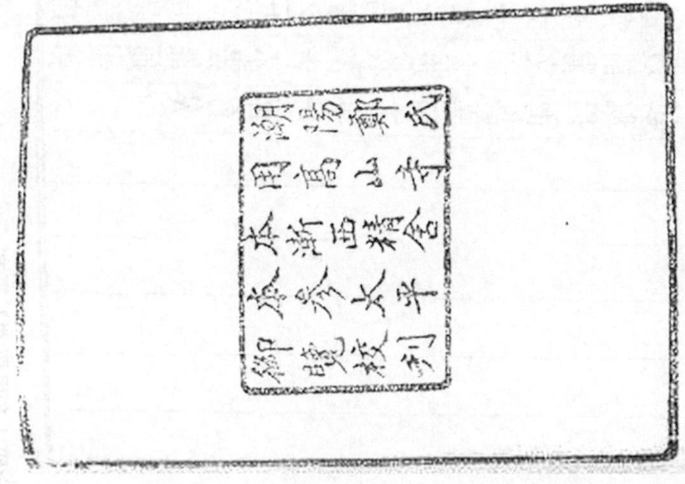

欽定四庫全書提要
齊民要術十卷後魏賈思勰撰思勰始末
未詳惟知其官爲高平太守而已自序稱
起自耕農終於醯醢資生之業靡不畢書
凡九十二篇今本乃終於五穀果蓏非中
國物者自序又稱商賈之事闕而不錄今
本貨殖一篇乃列於第六十二莫知其義
中第三十篇爲雜說而卷端又列雜說數
條不入篇數一名再見於例殊乖其詞亦

图25　中国贾思勰学术研讨会印《齐民要术》正文前《钦定〈四库全书〉提要》

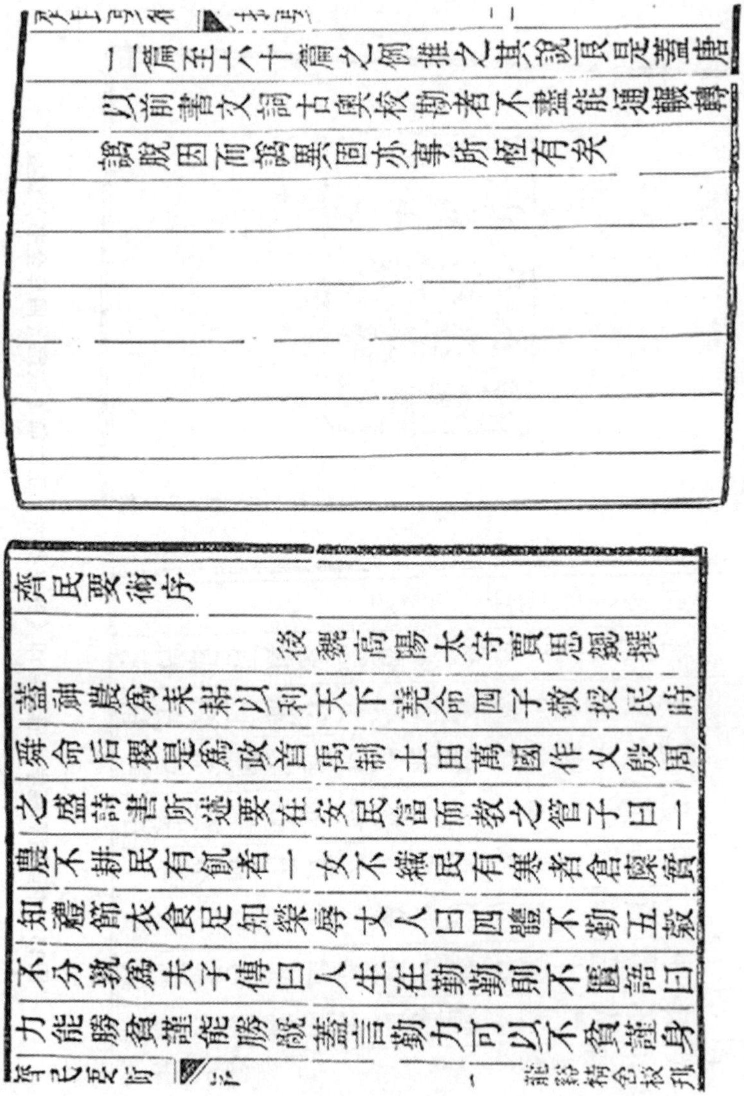

齊民要術 提要 二

二篇至六十篇之例推之其說良是蓋唐
以前書文詞古奧校勘者不盡能通輒轉
譌脫因而譌異固亦事所極有矣

齊民要術序
後魏高陽太守賈思勰撰
蓋神農爲耒耜以利天下堯命四子敬授民時
舜命后稷是爲政首禹制土田萬國作乂殷周
之盛詩書所述要在安民富而教之管子曰一
農不耕民有飢者一女不織民有寒者倉廩實
知禮節衣食足知榮辱丈人曰四體不勤五穀
不分孰爲夫子傳曰人生在勤勤則不匱語曰
力能勝貧謹能勝禍蓋言勤力可以不貧謹身

齊民要術 序 一 龍谿精舍校刊

图26　中国贾思勰学术研讨会印《齐民要术》正文

六、中国书店版《齐民要术》

中国书店版《齐民要术》是根据清代学者袁昶（1846—1900）于清光绪二十二年（1896）刊印的渐西村舍本《齐民要术》印行，关于渐西村舍本《齐民要术》的内容参见“第四章四”所述。渐西村舍本《齐民要术》被中国书店列为《中国书店藏版古籍丛刊》之一种，2008 年 1 月由中国书店出版社整理出版。

渐西村舍本《齐民要术》的据刻原本是湖湘本，校刊人是刘寿曾、刘富曾，所用校本有校宋本、《津逮秘书》本及《学津讨原》本，并以元代《农桑辑要》、王祯的《农书》、明代徐光启的《农政全书》等作参校。渐西本依据《农桑辑要》和清代黄丕烈的校宋本等补正了湖湘本的不少脱漏、讹误，在清代刻本中应是比较好的版本。

中国书店出版社将渐西村舍本《齐民要术》列为《中国书店藏版古籍丛刊》之一种，并进行整理、刊行，以为读者提供一部珍贵的农学文献典籍。该版本《齐民要术》线装，五册一函，每半页 9 行，每行大小均 21 字，字体较大，印刷清晰，便于阅读。书前附有袁昶所写《校刊〈齐民要术〉叙》、刘富曾所写《校刊〈齐民要术〉商例》，书后有南宋葛祐之所写《〈齐民要术〉后序》。这是一个选本与印刷质量都较好的本子，是一个学习、研读《齐民要术》较好的版本（图 27、图 28、图 29、图 30）。

图 27　中国书店版《齐民要术》

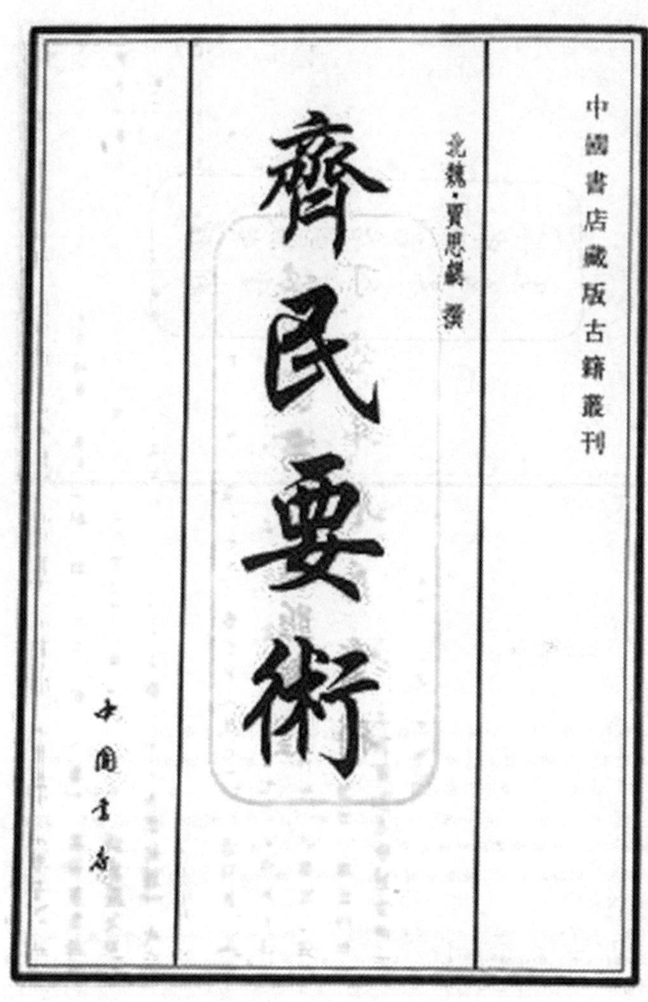

图 28　中国书店版《齐民要术》扉页

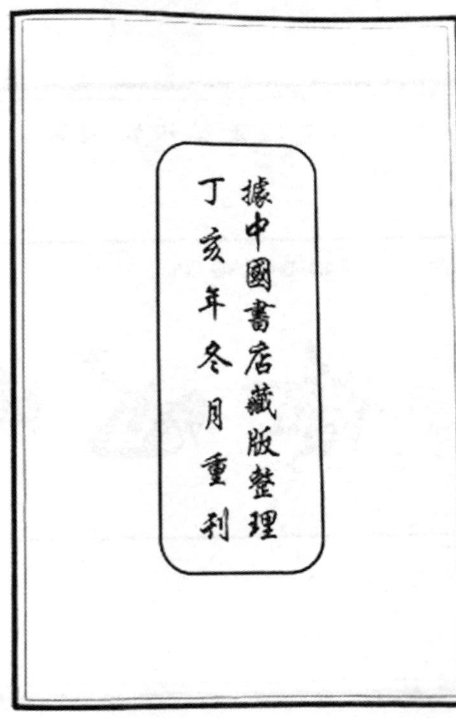

出版前言

《齊民要術》是我國現存最早最完整的綜合性農書。北魏賈思勰撰。

《齊民要術》十卷，九十二篇。卷一至卷五，五十五篇，專題論述各種糧食作物、蔬菜、果樹、桑柘以及經濟作物的耕作栽培方法。卷六，六篇，記叙家禽、家畜和魚類的養殖方法。卷七至卷九，三十篇，講述農副産品的加工和儲藏的技術，如釀酒、製作醬醋醬糖等方法，及煮膠和製造筆墨的方法等。第十卷僅一篇，記録了當時南方的植物，只述産地、性狀和作用。書前有賈思勰所作序，書後有《雜説》。一般認爲，《雜説》由後人補入。

賈思勰，北魏齊郡益都（今山東壽光南）人。曾任高陽（今山東臨淄縣）太守。他很重視農業生産技術的學習和研究，大約在北魏永熙二年（五三三年）到東魏武定二年（五五四年）期間，「采捃經傳，爰及歌謡，詢之老成，驗之行事」，寫成農業科學技術巨著《齊民要術》。書中徵引《詩經》、《周禮》、《禮記》、《爾雅》、《管子》、《氾

一

图29　中国书店版《齐民要术》的《出版前言》

齊民要術序
蓋神農為耒耜以利天下堯命四子敬授民時舜命
后稷食為政首禹制土田萬國作乂殷周之盛詩書
所述要在安民富而教之管子曰一農不耕民有饑
者一女不織民有寒者倉廩實知禮節衣食足知榮
辱夫人曰四體不勤五穀不分孰為夫子傳曰人生
在勤勤則不匱古語曰力能勝貧謹能勝禍蓋言勤
力可以不貧謹身可以避禍故李悝為魏文侯作盡
地利之教國以富强秦孝公用商君急耕戰之賞傾

图30　中国书店版《齐民要术》正文

七、龙溪精舍本《齐民要术》现代印刷本

该印刷本所据底本为龙溪精舍校勘本，龙溪精舍校勘本是广东潮阳人郑国勋（1870—1922）依据高山寺本、渐西村舍本以及北宋类书《太平御览》校勘、刊刻而成，关于龙溪精舍校勘本《齐民要术》的内容参见“第四章五”所述。

该印刷本分上下两册装订，32 开，蓝色封面、封底，宣纸线装，正文右行始读，每半页 9 行，每行 18 字，书后附有南宋葛祐之后序、明朝王廷相后序、清朝唐宴跋、近人倪澄瀛跋。该印刷本未经出版社正式出版印刷，未著印制时间，但从内容上看，这一印本实际上和中国贾思勰学术研讨会的影印本所用底本一样，只是开本不同。该印刷本对于宣传《齐民要术》、帮助人们了解贾思勰在中国古代农业发展史上的贡献起了积极的作用（图 31、图 32、图 33、图 34）。

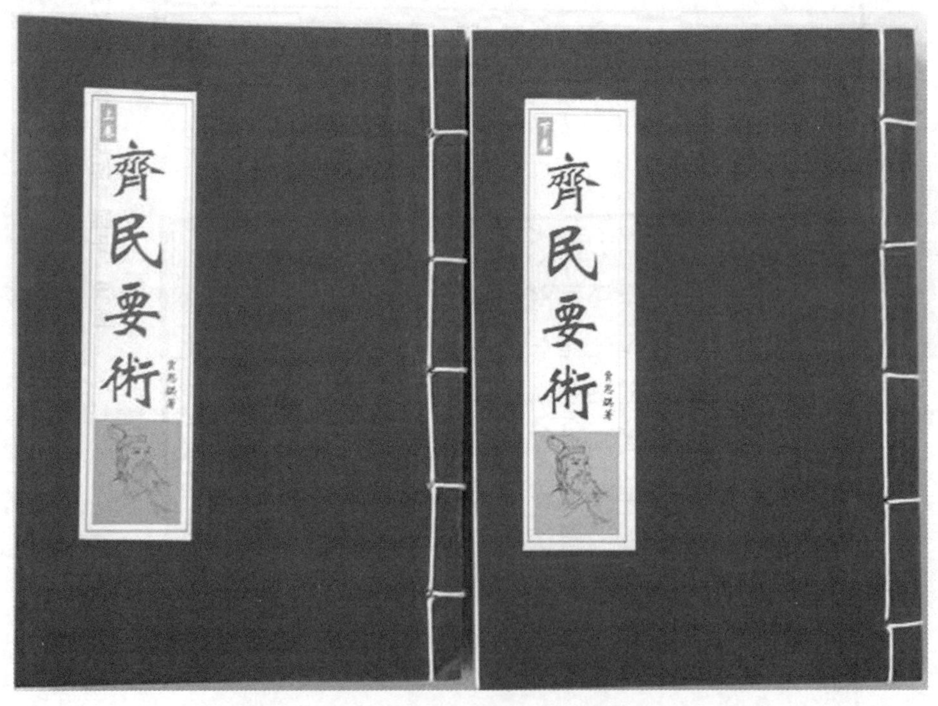

图 31　龙溪精舍本《齐民要术》现代印刷本

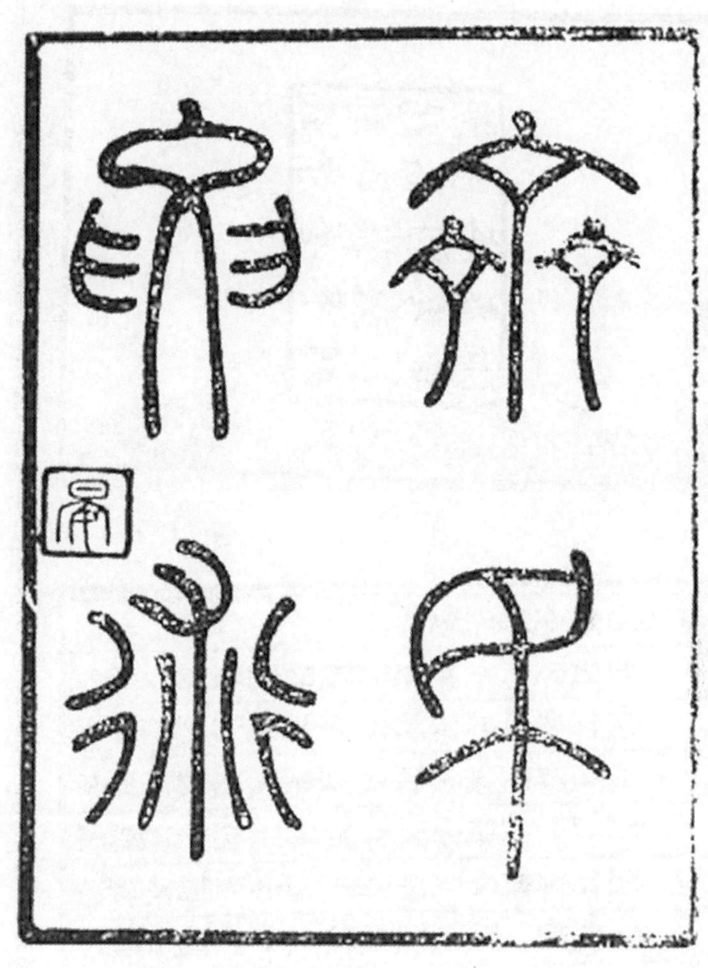

图 32　龙溪精舍本《齐民要术》现代印刷本扉页

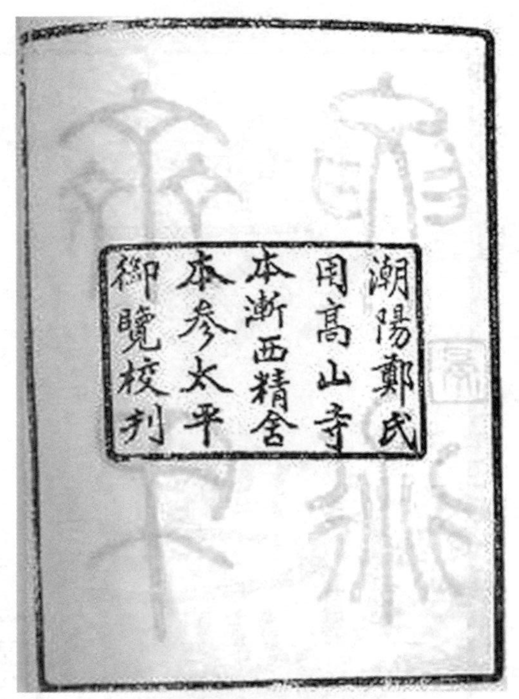

欽定四庫全書提要

齊民要術十卷後魏賈思勰撰思勰始末未詳惟知其官爲高平太守而已自序稱起自耕農終於醯醢資生之樂靡不畢書凡九十二篇今本乃終於五穀果蓏非中國物者自序又稱商賈之事闕而不錄今本貨殖一篇乃列於第六十二莫知其義中第三十篇爲雜説而卷端又列雜説數條不入篇數一名再見於例殊乖其詞亦

齊民要術　提要　一　龍溪精舍校刊

潮陽鄭氏用高山寺本漸西精舍本參太平御覽校刊

图33　龙溪精舍本《齐民要术》现代印刷本正文前的《钦定〈四库全书〉提要》

齊民要術序

後魏高陽太守賈思勰撰

蓋神農爲耒耜以利天下堯命四子敬授民時舜命后稷食爲政首禹制土田萬國作乂殷周之盛詩書所述要在安民富而教之管子曰一農不耕民有飢者一女不織民有寒者倉廩實知禮節衣食足知榮辱丈人曰四體不勤五穀不分孰爲夫子傳曰人生在勤勤則不匱語曰力能勝貧謹能勝禍蓋言勤力可以不貧謹身可以

图34 龙溪精舍本《齐民要术》现代印刷本正文

八、湖北崇文书局本《齐民要术》现代印刷本

此印刷本《齐民要术》是以清光绪元年（1875）夏湖北崇文书局刊印的、即世称崇文书局本《齐民要术》为底本印制的，关于崇文书局本《齐民要术》的介绍参见“第四章二”所述。

此印刷本《齐民要术》函装，每函 4 册，10 卷，每册书皆蓝色封面、封底，宣纸线装。正文内容是右行始读，每半页 12 行，每行 24 字；小字双行，满行亦 24 字。由于该印刷本完全依照原崇文书局本《齐民要术》印制，所以其内容与原底本相同。原崇文书局本《齐民要术》印前校勘较粗疏，因袭原错较多，版本质量不佳，但原崇文书局本《齐民要术》是传世较完整的版本之一，具有较高的研究和收藏价值，所以对该版本《齐民要术》翻印，对于宣传《齐民要术》、推广中国古代农业科学技术知识、了解中国古代农业发展历史具有积极意义（图 35、图 36）。

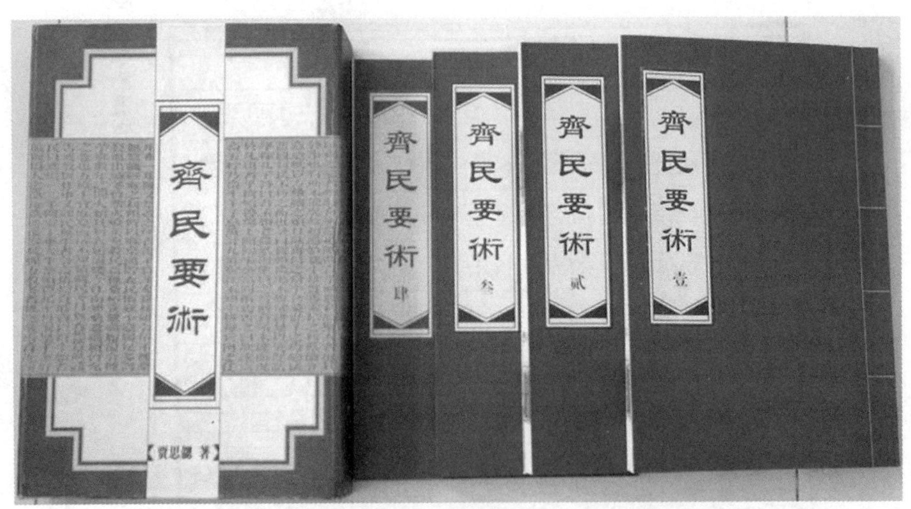

图 35　崇文书局本《齐民要术》现代印刷本

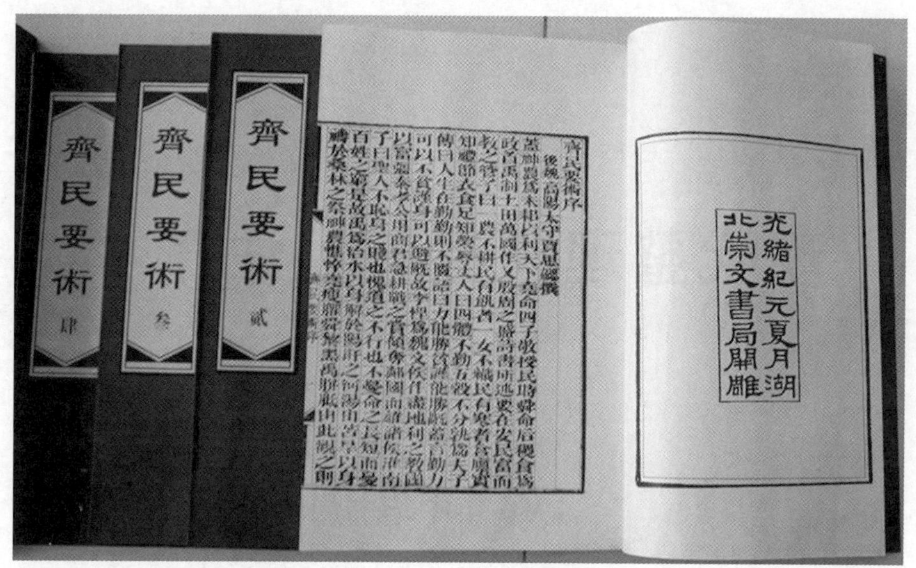

图 36　崇文书局本《齐民要术》现代印刷本

第七章

现代整理、影印、注译本

一、1956 年中华书局版

该书 1956 年由中华书局编辑出版，共 1 册，215 页，32 开，长 19 厘米，这是新中国成立后较早出版的一个新时代的关于《齐民要术》的本子，对于普及中国古代农业生产知识起了积极的推动作用。

二、1956 年文学古籍刊行社影印本

这是文学古籍刊行社（1954 年在北京成立的一家出版社，1989 年后并入人民文学出版社）于 1956 年根据明朝天启年间的刻本影印，原书 1 卷，印为 1 册，长 15 厘米，这是新中国成立后较早出版的一个新时代的影印本。书之字体为繁体字，竖排，影印保存了书之原貌，有利于推广、普及《齐民要术》这样的农学古籍，便于广大读者阅读。

三、《齐民要术今释》

这是前西北农学院古农学研究室丛书的一种，该书由农史学家、农业生理学家、西北农学院石声汉先生（1907—1971）在对《齐民要术》一书全面整理的基础上精心校释写成的，于 1957 年 12 月至 1958 年 6 月间由科学出版社分 4 册陆续出版，书 16 开，长 26 厘米，97.6 万余字。

20世纪50年代，石声汉先生第一次对《齐民要术》进行了全面的整理研究，《齐民要术今释》一书就是这次整理研究的成果。《齐民要术今释》以上海涵芬楼影印的明抄南宋绍兴龙舒本为底本，参以金抄本、院刻本等多种版本来校对。作者在精心校勘的基础上，为《齐民要术》原文加以标点；对书中疑难字、词、句作了注释说明；在标点和注释的基础上把《齐民要术》全书翻译成现代汉语，以便于今天的读者阅读理解。在校勘过程中，作者以每段作为一个校勘、释译单元，把校勘后的校记和疑难字词的注释附在每段之后，并按序排列，现代汉语译文附在每篇之后。此书采用的底本好，参校的版本也是珍本，石声汉先生又以现代农业科学知识来校勘和注释，远胜旧本，这是新中国成立以来第一个对《齐民要术》进行系统地校勘、整理和译释的较高水平的版本，对于研究中国古代农史具有基础性意义。

1957—1958年，科学出版社出版《齐民要术今释》后，中华书局决定对该书进行修订再版，再版时又做了以下修订工作：一是依据作者自存本的眉批，酌情改正，更符合作者的生前意愿；重新核定了底本，改正了一些错漏之处。二是此书在50年代出版时，古籍点校整理规范尚不完善，书中专名线、书名线的划定标准还不统一，错标、漏标之处不少。此次修订依据现行的古籍点校整理规范统一了标准，补上了漏标之处，改正了错标的地方；原书系16开，分为4册，此次出版改为大32开，分为上、下两册，校勘记及注释格式均有所调整，更便于今日读者阅读使用①。

中华书局于2009年6月出版了修订后的《齐民要术今释》，书分两册，共1 225页，2013年3月又第二次印刷，出版销售量较大。《齐民要术今释》是一部具有较高学术水准的书，该书的再版对促进《齐民要术》的研究及认识石声汉先生在《齐民要术》研究上的学术成就起到了积极的作用（图37、图38、图39、图40）。

① 齐民要术今释·出版说明［M］．北京：中华书局．2009：1.

图 37　中华书局版《齐民要术今释》

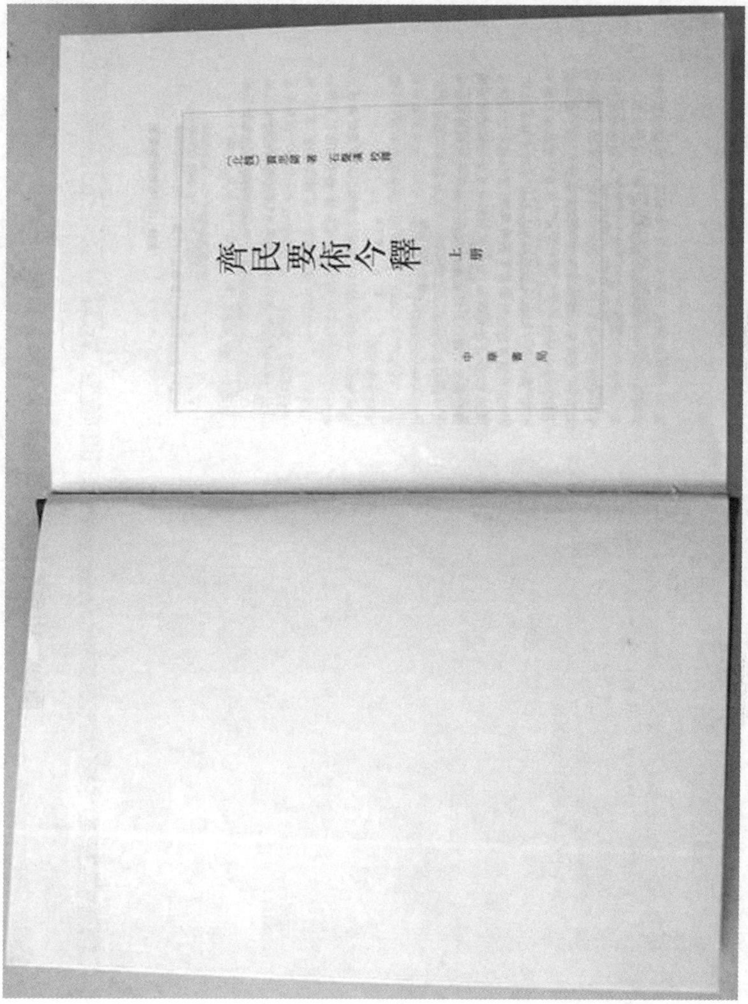

图38　中华书局版《齐民要术今释》扉页

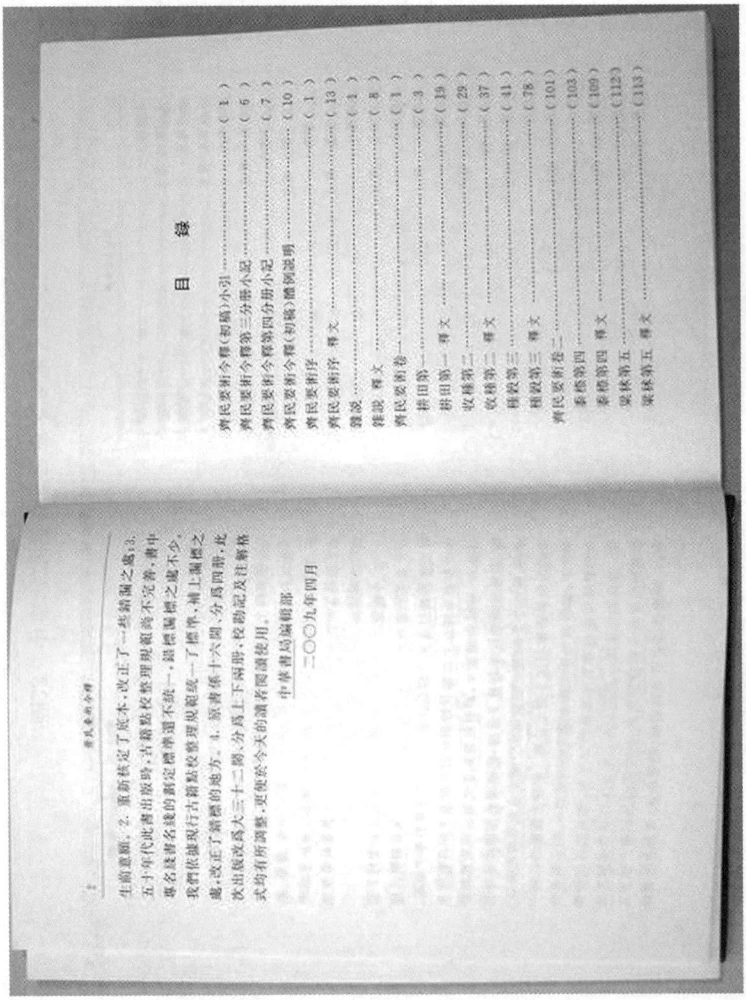

图39　中华书局版《齐民要术今释》目录

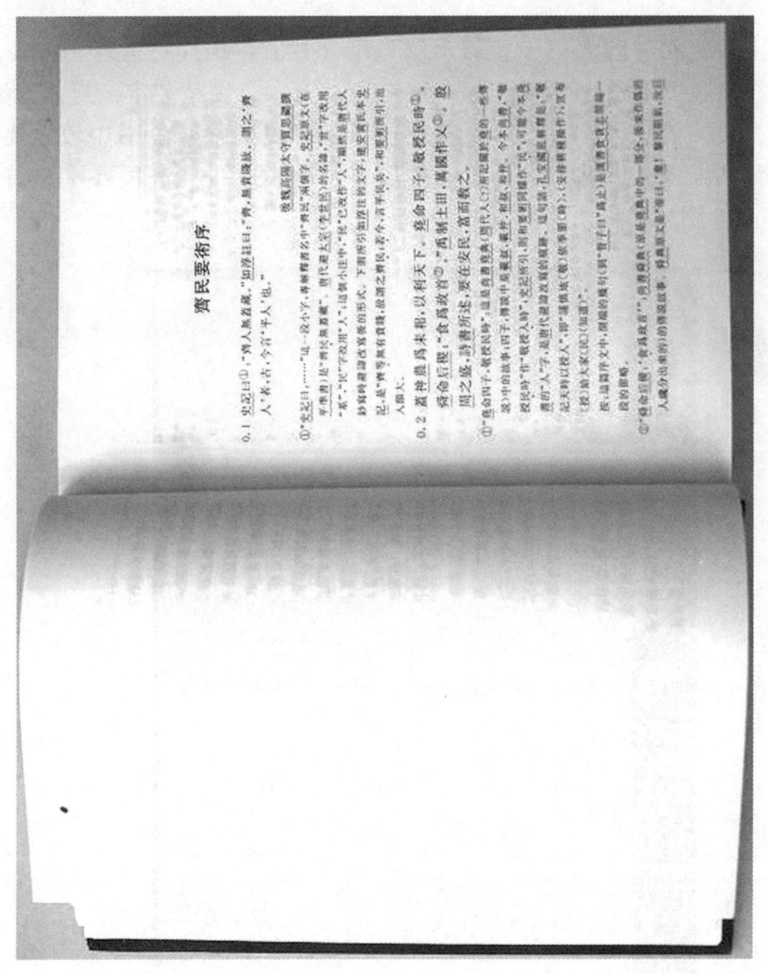

图40 中华书局版《齐民要术今释》正文

四、《〈齐民要术〉选读本》

该书是由西北农学院农史专家石声汉先生（1907—1971）选释，1961 年由原农业出版社出版，书长 21 厘米，636 页，36.9 万字，硬精装本，封面为浅绿、深绿色相间，装帧美观大方。石声汉教授选择《齐民要术》一书中较重要的内容，精加注释和翻译，以适应广大读者的需要，遂成这一《齐民要术》普及性选读本（图 41、图 42）。

图 41　农业出版社版《〈齐民要术〉选读本》

图 42　《〈齐民要术〉选读本》书脊

五、《〈齐民要术〉选释》

该书选取了《齐民要术》中与现今农业生产密切相联的部分重要内容，加以注释、翻译，目的是有针对性地普及中国古代农业生产知识，服务当今农业生产，1975年由科学出版社出版，32开，共170页，配以线条插图，古意浓郁，图文并茂，易于引起读者阅读兴趣，这是一部具有普及性的古代农学专著选释本（图43、图44）。

图43　科学出版社版《〈齐民要术〉选释》

图6　辘轳。（转引自《图书集成》）

【原文】　葵①生三叶，然后浇之。浇用晨夕，日中便止。

（《种葵》）

【注释】　①葵：古代的重要蔬菜，现名"冬葵"，又名"冬苋菜"或"冬寒菜"（见图7）。

【译文】　葵苗出土长了三片叶，然后用水灌溉。（只在早上和傍晚浇地，中午便停止。）

图7　葵。（引自《植物名实图考》）

【原文】　锄谷，第一徧便科定①；每科②只留两茎，要不得留多；每科相去一尺，两耋头空。务欲深细。第一徧锄，未可全深；第二徧，唯深是求；第三徧，较浅于第二徧；第四徧，较浅。

（《卷端杂说》）

【注释】　①科定：定苗。

②每科：每穴。

【译文】　锄谷子，第一遍就定好苗；每穴只留两个植株，不要留多；穴间距离是一尺，柔两头空着。锄要深要细。第一遍锄，不必要过深；第二遍尽量地深；第三遍比第二遍浅；第四遍较浅。

· 45 ·

图44　《〈齐民要术〉选释》插图

六、《齐民要术校释》

这是迄今为止最为完善的一部《齐民要术》校释本，属于中国农书丛刊中的一部农书，归于综合之部，由原南京农学院缪启愉先生（1910—2003）校释，1982 年 11 月由原农业出版社出版。书一册，32 开，870 页，65 万余字。

该书的校释以两宋本为底本，参考两宋以来所有重要的刻本、抄本、清代各种校勘的稿本，以中国农业科学院农史研究室所藏清以来的各种校勘稿本为辅助，以唐以前引用的《齐民要术》的文献为参校资料，并参考此前中外学者整理《齐民要术》所取得的研究成果，共运用 23 种不同的版本，征引文献古籍达 289 种。对《齐民要术》中所引用的古文献资料，缪先生都与原书核对，力求准确；对于不同版本中出现的异文，缪先生都一一胪列、对比，不做结论。在详细校勘的基础上，对《齐民要术》全书进行标点，并在每段之后标明校记和注释，校记在前，注释在后。本书的校释，参考版本众多，本正源清，存真去伪，考订翔实，校释精审，又以现代农业科学知识对全书内容进行阐释，翻译准确，通俗易懂，是研究《齐民要术》的又一力作，是迄今为止最完善的一部校释本。该书在校释说明中详列校释所用各版本《齐民要术》，又于书后附录《宋以来〈齐民要术〉校勘始末述评》《〈齐民要术〉主要版本的流传》，详介不同时期各版本的《齐民要术》，并附有校释所引用的古文献书目，详细介绍校释的文献来源。

1998 年 8 月，中国农业出版社第二次出版该书，字数增至 79 万字，重新写了前言，对第一版的校释作了许多增改，书前附有《西汉、魏晋、后魏度量衡亩折合今制表》，书后附有《〈齐民要术〉的科学成就》《〈齐民要术〉主要版本的流传》以及《引用古文献及参考书目》，所引用古文献及参考书目与第一版时所引用的古文献书目有些不同，体现了缪先生在校释上更趋精湛（图 45、图 46、图 47、图 48）。

图 45　农业出版社版《齐民要术校释》

《齐民要术校释》简介

这是迄今最完善的一部《齐民要术》校释本。

《齐民要术》，公元六世纪时后魏贾思勰著，是我国现存最早最完整包括农林牧副渔的农业全书，也是世界上最早最有系统的农业科学名著。该书内容丰富多采，早已蜚声中外，其中许多经验，在今天仍可借鉴。

原书以年代久远、几经传抄翻印，文字脱落错讹，素称难读。清代乾嘉以来，曾有许多学者从事校勘，稿本珍藏，未能问世。近年来，西北农学院石声汉先生，著有《齐民要术今释》；日本学者西山武一、熊代幸雄，曾合译《齐民要术》，对《齐民要术》做了许多研究整理工作。

现在这部《齐民要术校释》，是南京中国农业科学院农史研究室缪启愉先生在前人的基础上，进一步集其大成的著作。校释本以两宋本为底本，参考了两宋以来所有重要的刻本、抄本、清代各种校勘的稿本，唐以前引用《齐民要术》的文献，以及近年来中外学者研究整理《齐民要术》的成果，共参考版本23种，征引文献古籍289种，校释精审，考订翔实，清源正本，去伪存真，对于中外学者和一般读者，将会有很大的便利和帮助。

书末附有《宋以来齐民要术校勘始末述评》及《齐民要术主要版本的流传》，也很有学术参考价值。

中國農書叢刊綜合之部

齊民要術校釋

後魏・賈思勰原著

繆啓愉校釋

繆桂龍參校

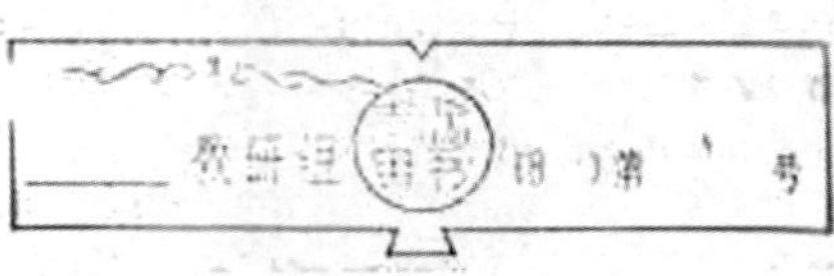

農業出版社

图46 《齐民要术校释》扉页

目　錄

· 1 ·

图 47　《齐民要术校释》目录

齊民要術序

《史記》曰①："齊民無蓋藏。"如淳注曰："齊，無貴賤，故謂之齊民者，若②今言平民也。"

後魏高陽太守賈思勰撰

蓋神農爲耒耜，以利天下；堯命四子【一】，敬授民時；舜命后稷，食③爲政首；禹制土田，萬國作乂【二】；殷周之盛，詩書所述，要在安民，富而教之。

《管子》曰④："一農不耕，民有飢者；一女不織，民有寒者。""倉廩實，知禮節；衣食足，知榮辱。"丈人曰⑤："四體不勤，五穀不分，孰爲夫子？"傳曰⑦："人生在勤，勤則不匱。"古⑧語曰："力能勝貧，謹能勝禍。"蓋言勤力可以不貧，謹身可以避禍。故李悝爲魏文侯作盡地力之教，國以富強；秦孝公用商君，急耕戰之賞，傾奪鄰國而雄諸侯⑨。

《淮南子》曰⑩："聖人不恥身之賤也，愧道之不行也；不憂命之長短，而憂百姓之窮。是故禹爲治水，以身解於陽盱之河；湯由苦旱，以身禱於桑林之祭【三】。……神農憔悴，堯瘦臞，舜黎黑，禹胼胝。由此觀之，則聖人之憂勞百姓亦甚矣。故自天子以下，至於庶人，四肢不勤，思慮不用，而事治求贍【四】者，未之聞也。""故田者不強，囷倉不盈；將相不強，功烈【五】不成。"

《仲長子》曰⑪："天爲之時，而我不農，穀亦不可得而

·1·

图 48 《齐民要术校释》正文

七、《齐民要术（饮食部分）》

为发掘、整理中国古代典籍中有关饮食方面的历史资料，取其精华，服务于现代社会，中国商业出版社整理出版了《中国烹饪古籍丛刊》丛书，《齐民要术（饮食部分）》即是这套丛书中的一本小册子。

该书是从石声汉先生（1907—1971）的《齐民要术今释》中选出与饮食烹饪比较直接有关的部分（第六十四篇至八十九篇，共26篇）改编而成，目的是帮助读者了解北魏时期及北魏以前我国北方劳动人民在饮食制作与烹饪技术上的成就，并为中国饮食史、烹饪史的研究提供参考。该书在对《齐民要术》一书的饮食部分改编时，对原文中有关“占卜”等迷信内容照录，但删除了《齐民要术今释》中的原有译文，在正文之下用省略号表示，以示这些内容不足取。按照石声汉先生的《齐民要术今释》，书之正文字形有大有小。

该书1984年10月由中国商业出版社出版，32开，简体横排，正文与译文采用不同的字体，以示区别，便于阅读。

阅读《齐民要术（饮食部分）》一书，我们会自然而然地感受到书中内容洋溢出的具有浓郁北方地域饮食特色的文化气息，该书的出版，对于人们认识北魏及北魏以前我国北方劳动人民的饮食制作、烹饪技术水平、饮食文化具有积极意义，对于我国古代饮食文化知识普及也起了积极的推动作用（图49、图50、图51、图52）。

图 49　中国商业出版社版《齐民要术（饮食部分）》

图 50 中国商业出版社版《齐民要术(饮食部分)》扉页

本书简介

《齐民要术》是北魏(386—534)贾思勰撰写的。他的生卒年代不详，曾做过高阳郡(在今山东境内)太守。《齐民要术》记载了当时黄河流域的农业生产和食品制造情况，是我国及世界上被完整地保存下来的最早的一部杰出的农学和食品学著作。

原书共十卷九十二篇，内容广泛丰富，"起自耕农，终于醯醢"，从农、林、牧、渔到酿造加工，直至烹调技术都作了专门介绍。

本书是从石声汉先生《齐民要术今释》本中，选出比较直接有关饮食烹饪的部分(篇六十四至篇八十九，共二十六篇)改编而成，目的是帮助读者了解我国北魏时代饮食制造和烹调技术的成就，并供中国饮食史、烹饪史的研究参考用。改编时，对"占卜"等迷信的内容，删节了译文(用省略号表示)，原文未动，正文字型有大小，系按石本。

目录

图 51 《齐民要术（饮食部分）》目录

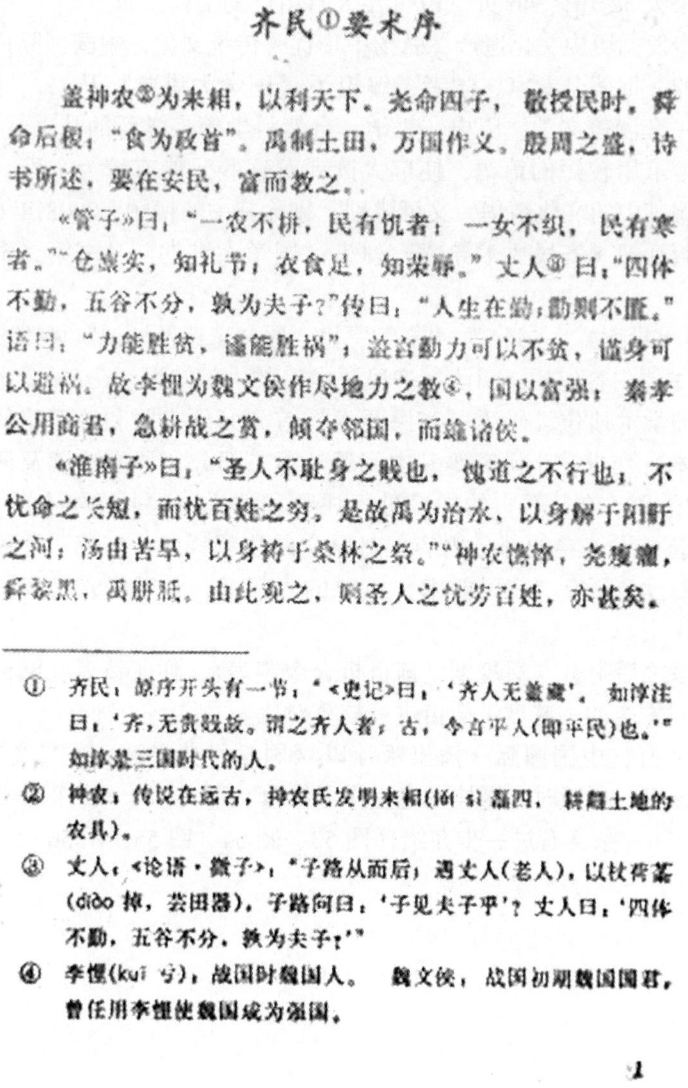

齐民①要术序

盖神农②为耒耜，以利天下。尧命四子，敬授民时。舜命后稷，"食为政首"。禹制土田，万国作乂。殷周之盛，诗书所述，要在安民，富而教之。

«管子»曰："一农不耕，民有饥者；一女不织，民有寒者。""仓廪实，知礼节；衣食足，知荣辱。"丈人③曰："四体不勤，五谷不分，孰为夫子？"传曰："人生在勤，勤则不匮。"语曰："力能胜贫，谨能胜祸"；盖言勤力可以不贫，谨身可以避祸。故李悝为魏文侯作尽地力之教④，国以富强；秦孝公用商君，急耕战之赏，倾夺邻国，而雄诸侯。

«淮南子»曰："圣人不耻身之贱也，愧道之不行也；不忧命之长短，而忧百姓之穷。是故禹为治水，以身解于阳盱之河；汤由苦旱，以身祷于桑林之祭。""神农憔悴，尧瘦臞，舜黎黑，禹胼胝。由此观之，则圣人之忧劳百姓，亦甚矣。

---

① 齐民：原序开头有一节："<史记>曰：'齐人无盖藏'。如淳注曰：'齐，无贵贱故。谓之齐人者，古，今言平人(即平民)也。'"如淳是三国时代的人。

② 神农：传说在远古，神农氏发明耒耜(lěi sì 磊四，耕翻土地的农具)。

③ 丈人：<论语·微子>："子路从而后，遇丈人(老人)，以杖荷蓧(diào 掉，芸田器)。子路问曰：'子见夫子乎'？丈人曰：'四体不勤，五谷不分，孰为夫子？'"

④ 李悝(kuī 亏)，战国时魏国人。　魏文侯，战国初期魏国国君，曾任用李悝使魏国成为强国。

1

图 52　《齐民要术（饮食部分）》正文

八、《齐民要术导读》

这是中华文化要籍导读丛书中的一种，著名的农史专家缪启愉先生（1910—2003）著，书大32开，346页，1988年8月由巴蜀书社出版。

为进一步发掘历史文化遗产，弘扬中华优秀传统文化，中国国际广播出版社组织学术界的一批著名专家、学者，编辑了《国学大讲堂》丛书。《国学大讲堂》丛书是一套涵盖文学、历史、哲学、自然科学等多学科的丛书，分册导读，重点在导，力求用较短的篇幅，使广大读者对这些元典有较为全面、深刻的认识，既能发掘其中的文化精华，又可辨别、剔除其中的糟粕。2008年6月，中国国际广播出版社把《齐民要术导读》列为《国学大讲堂》丛书第二辑中的一种来出版。

《齐民要术导读》一书分为"导言"和"原文选读及评说"两部分。第一部分"导言"主要内容包括：阅读《齐民要术》的入门知识、《齐民要术》在国内外农学史上的学术地位、研读《齐民要术》首先必须克服和搞清楚的问题以及对《齐民要术》作进一步研究等基本问题。第二部分"原文选读及评说"主要是对《齐民要术》前七卷中的内容进行注释和评说，这七卷中有的卷是全选，有的卷只是选择了该卷的部分内容，对原文的注释详细、准确，评说精当、中肯。该书是阅读、研究《齐民要术》重要的入门书，对于研究《齐民要术》有重要的指导作用。

该书目录之后附有《后魏度量衡亩折合今制表》，便于读者在阅读《齐民要术》一书时对古今的一些度量衡亩进行核算对比。

2011年1月，中国国际广播出版社以《国学经典导读——〈齐民要术〉》之书名再版该书，再版时，缪桂龙先生作了修改，下文"十八、国学经典导读—《齐民要术》"一条又有进一步介绍（图53、图54、图55、图56）。

图 53　中国国际广播出版社版《齐民要术导读》

图 54 《齐民要术导读》扉页

目　录

第一部分　导言

1

图 55　《齐民要术导读》目录

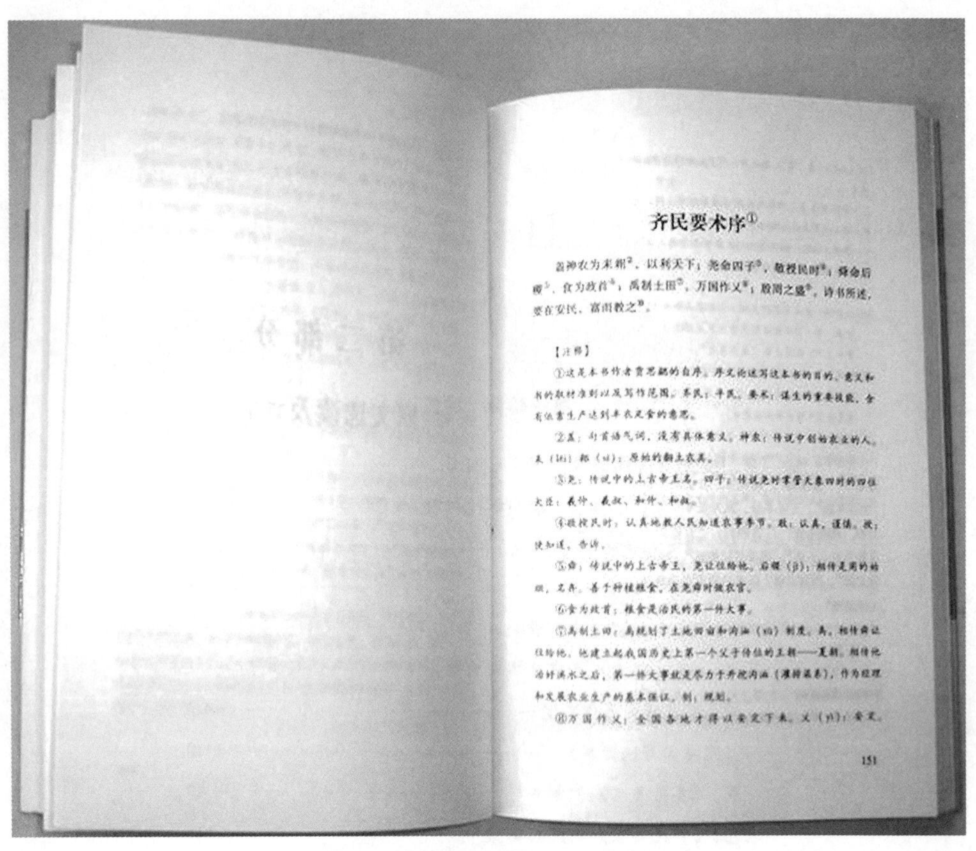

齐民要术序①

盖神农为耒耜②，以利天下；尧命四子③，敬授民时④；舜命后稷⑤，食为政首⑥；禹制土田⑦，万国作乂⑧；殷周之盛⑨，诗书所述，要在安民，富而教之⑩。

【注释】

①这是本书作者贾思勰的自序。序文论述写这本书的目的、意义和书的取材原则以及写作范围。齐民：平民。要术：谋生的重要技能。含有从事生产达到丰衣足食的意思。

②盖：句首语气词，没有具体意义。神农：传说中创始农业的人。耒（lěi）耜（sì）：原始的翻土农具。

③尧：传说中的上古帝王名。四子：传说尧时掌管天象四时的四位大臣：羲仲、羲叔、和仲、和叔。

④敬授民时：认真地教人民知道农事季节。敬：认真，谨慎。授：使知道，告诉。

⑤舜：传说中的上古帝王，尧让位给他。后稷（jì）：相传是周的始祖，名弃。善于种植粮食，在尧舜时做农官。

⑥食为政首：粮食是治民的第一件大事。

⑦禹制土田：禹规划了土地田亩和沟洫（xù）制度。禹，相传舜让位给他，他建立起我国历史上第一个父子传位的王朝——夏朝。相传他治好洪水之后，第一件大事就是尽力于开挖沟洫（灌溉渠系），作为经理和发展农业生产的基本保证。制：规划。

⑧万国作乂：全国各地才得以安定下来。乂（yì）：安定。

151

图 56　《齐民要术导读》正文

九、白话全译本《齐民要术》

该书是1995年9月巴蜀书社出版的中国四大古典实用百科名著之一（其他三部古典实用百科名著是《神农本草经》《梦溪笔谈》《天工开物》），32开，简体横排。在整体的内容安排上，书的前半部分先完整地列出《齐民要术》十卷原文，书的后半部分则是现代译文，没有注释，原文、译文前后分开（图57）。

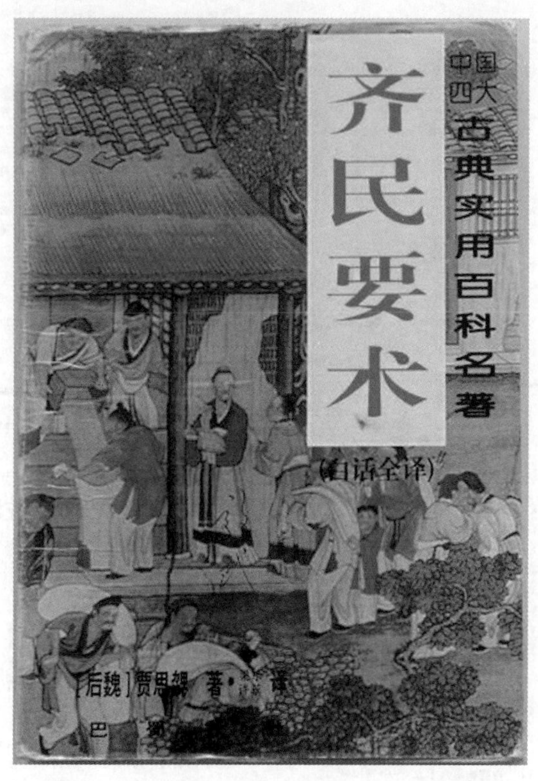

图57 巴蜀书社版白话全译本《齐民要术》

如想较快地了解《齐民要术》一书的主要内容，可以阅读该书后半部分的现代译文，如想了解《齐民要术》一书的原文，可以阅读该书的前半部分，译文和原文可以互相对照。但该书除了译文外，没有注释，对书中一些疑难问题不能有全面、彻底的了解，会影响对《齐民要术》一书的理解。该书对于普及《齐民要术》中的农业知识、农业技术是有积极意义的（图58、图59）。

因此，千多年来，《齐民要术》一直被万民视奉为谋生富家的金玉良言，也是一部丰富全面的家用百科全书。

同时，我们也应该看到，由于作者受当时时代背景的制约，书中个别地方涉及到祈神、咒符、预卜等迷信色彩的内容，这是该书的不足，对此，希望读者在阅读过程中能分清主次，去芜存精。该译本以缪启愉先生的《齐民要术校释》本为底本进行白话语译，语译过程中笔力学识不逮之处在所难免，对此，希望广大读者与专家批评指正，以便进行修定。还应特别指出的是，长期从事历史农业地理研究的郭声波博士及古籍整理研究专家祝尚书先生百忙中逐一审阅了全书，在此谨致诚挚的谢意。

译 者

1995 年 7 月

齐民要术白话全译 目录

齐民要术 · 原文

卷一

卷二

卷三

卷四

卷五

卷六

卷七

卷八

卷九

卷十

齐民要术 · 译文

卷一

卷二

图 58　巴蜀书社版白话全译本《齐民要术》目录

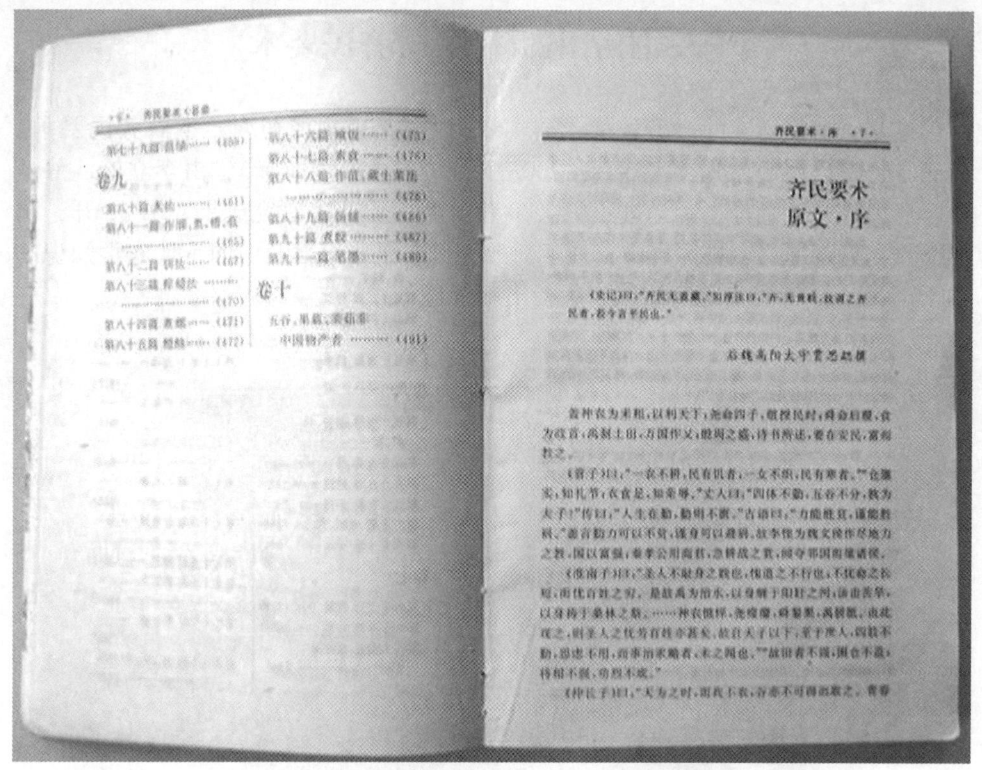

图 59 巴蜀书社版白话全译本《齐民要术》正文

十、《传世藏书》之《齐民要术》

《传世藏书》是国家“八五”至“九五”期间重点图书出版项目，该项目工程于 1991 年启动，1996 年完成，总计 2.76 亿字、123 册，选先秦至晚清历代重要典籍善本，加以标点后用简体字横排出版发行。《传世藏书》由季羡林先生担任编辑委员会总编，张岱年、徐复、王利器、钱伯城、戴文葆先生任主编，全国 26 所高校和科研单位的 2 000余位专家学者选编、标点、校勘，《传世藏书》在出版发行后逐步为人们所收藏。

《传世藏书》之子部科技类，则是由诚成企业集团（中国）有限公司组织编纂的一套丛书，共收书 48 种，全 123 册，《齐民要术》是其中的一种，1996 年由海口市的海南国际新闻出版中心出版发行，棕色封面，16 开，书长 26 厘米，内容简体横排，便于阅读。

十一、团结出版社版《齐民要术》

这是一个翻译本的《齐民要术》。该书以《丛书集成初编》本《齐民要术》为底本，参以缪启愉先生（1910—2003）的《齐民要术校释》，由李立雄、蔡梦琪、温卫红先生翻译，翻译过程中又参考了前人的许多研究成果。书 32 开，简体横排，先列原文，再写译文，便于对照阅读，是一部普及中国古代农学知识的本子。2002 年 1 月由北京团结出版社出版（图 60）。

图 60 团结出版社版《齐民要术》

十二、《四库家藏》之《齐民要术》

《四库家藏》是首都师范大学文献研究所编著的一套丛书，分为经、史、子、集四部，其中收录现存古籍书目10 670种，20余万卷，共150册。《四库家藏》收录这些典籍时，对所收之书的成书年代、卷次、作者、内容、评价及版本情况逐一介绍，便于读者博览；在选目广博的基础上，选取经、史、子、集中最有价值的名著6 000余万字，便于读者阅读、研究。

《齐民要术》为《四库家藏》子部中的一种，2004年由山东画报出版社出版，32开，书长21厘米，棕色、深棕色相间封面，内容简体横排，便于阅读。

十三、北方妇女儿童出版社版《齐民要术》

这是齐预生、夏于金先生主编，吉林北方妇女儿童出版社出版的中国古典名著系列丛书的一种，2006年3月第一次出版。书直接照录《齐民要术》原文出版，但未说明出自《齐民要术》哪一版本。该版本《齐民要术》有原初版本《齐民要术》中的《〈齐民要术〉序》及卷前《杂说》篇。

该版《齐民要术》全书110千字，32开装订。该书装祯美观，书文内容简体横排，印刷清晰，便于阅读，是学习、研究《齐民要术》和学习、了解我国古典文化知识的入门参考书，也是了解我国古典文献、古代科技文化成就的重要参考资料，对于推广普及我国古典文化科技知识起重要作用（图61、图62）。

图 61　北方妇女儿童出版社版《齐民要术》

图 62　北方妇女儿童出版社版《齐民要术》扉页

十四、远方出版社版《齐民要术》

这是华辰先生主编、内蒙古远方出版社出版的历代科学与思想学术文献中的一种，2007年6月第一版。书直接照录《齐民要术》原文出版，但未说明源自《齐民要术》哪一版本。该版本《齐民要术》未有原初版本《齐民要术》中的《〈齐民要术〉序》及卷前《杂说》篇。

该版《齐民要术》全书110千字，32开装订。书文内容简体横排，印刷清晰，便于阅读。该书是学习、研究《齐民要术》和学习、了解我国古代科技文化知识的入门参考书，也是了解我国古代科技文化成就的重要参考资料，对于推广普及我国古代科技文化成就起重要作用（图63、图64）。

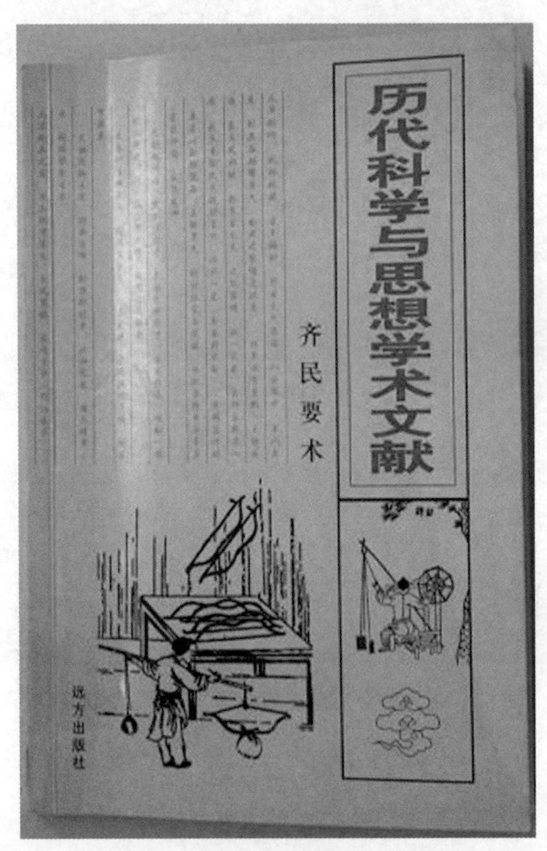

图63　远方出版社版《齐民要术》

图 64　远方出版社版《齐民要术》扉页

十五、上海古籍出版社版《齐民要术译注》

该书是韩寓群、徐传武先生主编的中国古代科技名著译注丛书中的一种，缪启愉（1910—2003）、缪桂龙先生译注。缪启愉先生是国内研究《齐民要术》的著名学者，与其子缪桂龙先生一起对《齐民要术》作了全面梳理和校勘，并予以注释和翻译。该书是两位先生在《齐民要术校释》一书的基础上进行翻译和注释而撰成的一部专著《齐民要术译注》，2009 年 3 月由上海古籍出版社出版，书 1 册，32 开，长 22 厘米，756 页，61 万余字。书虽名为“译注”，但从书的内容顺序来看是先注后译。该书校勘“采用各本汇校方式，择善而从”、“汇校之本以院刻、金抄、明抄为主，校宋本、《学津》本、《渐西》本次之，湖湘本、《津逮》本等又次之”、“清代嘉庆以后校勘《要术》较精而未出版的稿本，如吾点本、黄麓森本等，以及今人整理本，本书也用以参校”①。《齐民要术》本书以外之书用以参校者，有唐、元、明时代的农书，以及隋、唐、北宋时的类书。

本书在详加校勘的基础上加以标点，然后进行注译。先列正文，再是注释，然后是译文，注释中引用大量古文献资料，并结合现代农业科学知识进行解释，译文精确，通俗易懂，此书堪称是目前国内最好的《齐民要术》整理本和译注本。2009 年 4 月齐鲁书社也出版了该书，内容一样，只是该版本把译注者编写的《西汉、魏晋、后魏度量衡亩折合今制表》放在书的前边，而上海古籍出版社版本把该表作为附录放在书的后边（图 65、图 66、图 67）。

① 缪启愉、缪桂龙．齐民要术译注·校译体例［M］．上海：上海古籍出版社．2009：1.

图 65　上海古籍出版社版《齐民要术译注》

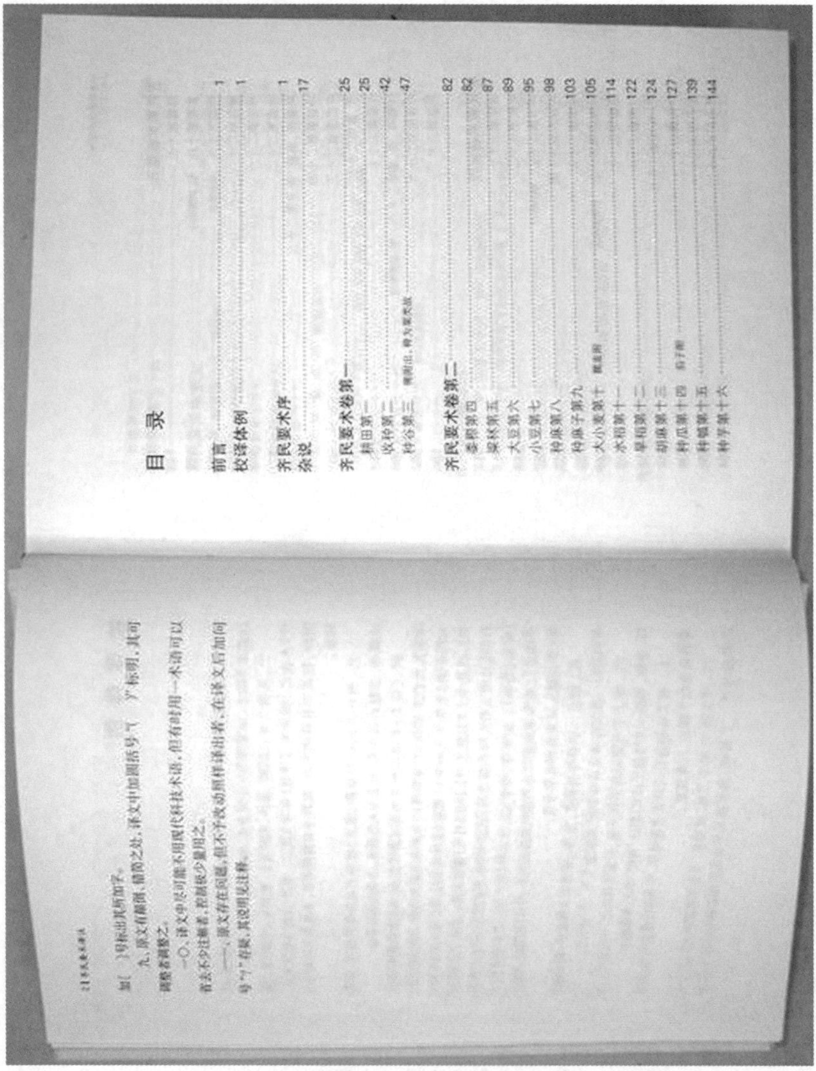

图66 上海古籍出版社版《齐民要术译注》目录

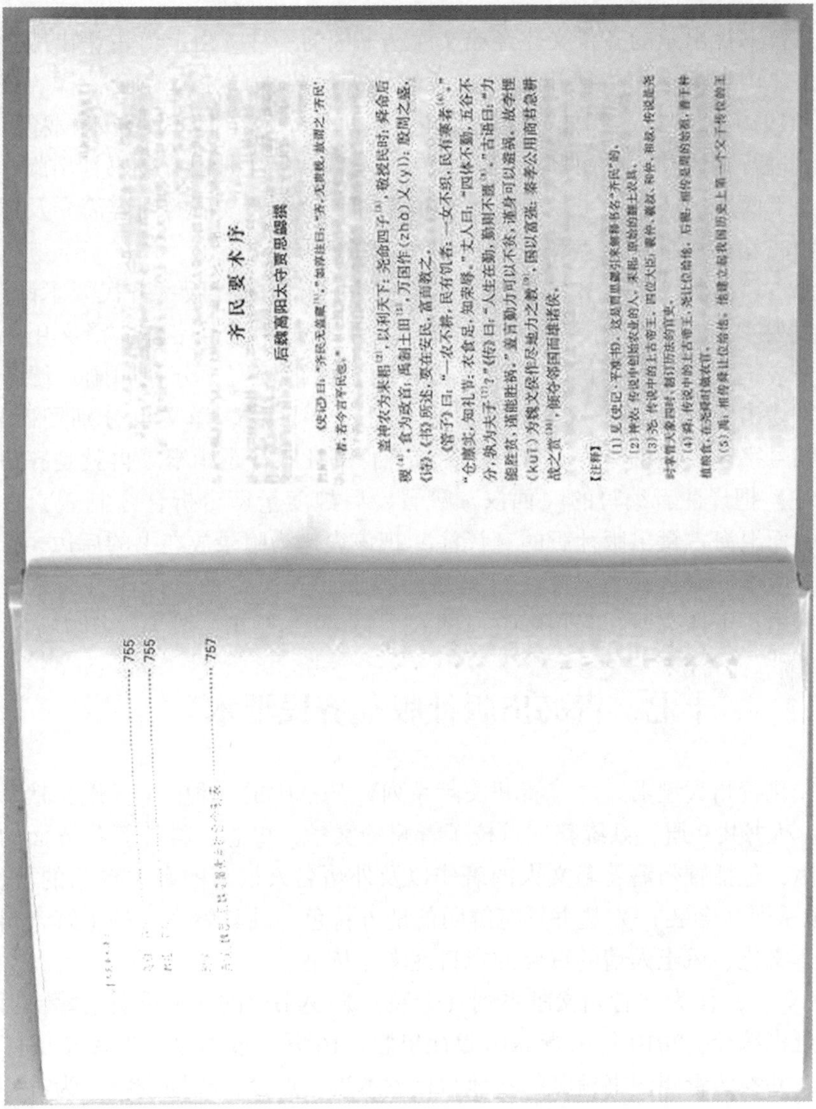

图67　上海古籍出版社版《齐民要术译注》正文

十六、齐鲁书社版《齐民要术译注》

这是齐鲁书社出版的齐鲁文化经典文库丛书中的一种，由上海古籍出版社授权出版，书之内容与上海古籍出版社出版的《齐民要术译注》完全一样。该书由缪启愉（1910—2003）、缪桂龙先生译注，是两位先生在《齐民要术校释》一书的基础上进行翻译和注释而撰成的一部专著，2009年4月由齐鲁书社出版，书套装，分上下两册，16开，长25厘米，79万余字。关于该书的内容简介及评述参见“上海古籍出版社版《齐民要术译注》”条所写。

与上海古籍出版社版《齐民要术译注》相比，齐鲁书社版《齐民要术译注》中的《齐民要术》原文印刷字体为四号字体，注释则用五号字体，译文用小四号字体，书之正文、注释、译文皆1.5倍行距，行距较宽，分列明晰，便于阅读。上海古籍出版社版《齐民要术译注》的正文、注释、译文也分别用四号、五号、小四号字体，但行文为1倍行距，较齐鲁书社版行距稍窄。再就是齐鲁书社版《译注》把译注者编写的《西汉、魏晋、后魏度量衡亩折合今制表》放在书的前边，而上海古籍出版社版的《译注》把该表作为附录放在书的后边。

这两个版本的《齐民要术译注》是目前关于《齐民要术》译注方面很有代表性的好版本，可谓双璧，互相辉映（图68、图69、图70、图71、图72）。

十七、青岛出版社版《齐民要术》

这是文化青州大型书库之《青州文献系列》丛书中的一种。《青州文献系列（套装）》丛书共9册，系统整理点校了青州的文学、史志、科技等各方面的重要历史文献，包括青州籍著名文人的著作以及外籍名人撰写的有关青州的著作。《青州文献系列（套装）》丛书具有鲜明的地方特色，独具魅力，是了解青州历史、地理、文化、风土人情的重要的资料性文化丛书。

《齐民要术》作为《青州文献系列（套装）》丛书中的一种重要书籍，由李铭涵、胡延彬编校，2010年由青岛出版社出版，16开。该书以《四库全书》刻本为底本，并参照青州图书馆藏的本地清代刻本进行点校，校勘较精，为进一步学习、研究《齐民要术》打好基础，也是了解古代青州以及我国北方农业生产的重要参考资料。

图 68　齐鲁书社版《齐民要术译注》

图 69　齐鲁书社版《齐民要术译注》扉页

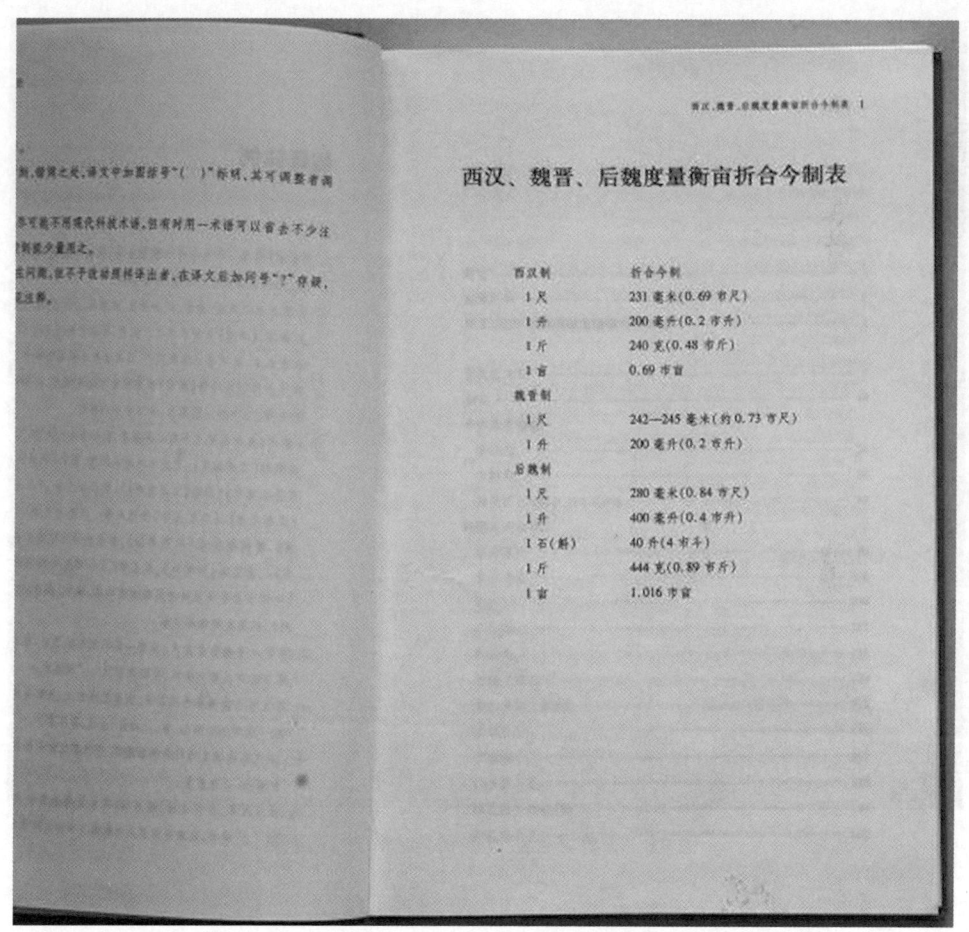

西汉、魏晋、后魏度量衡亩折合今制表　1

西汉、魏晋、后魏度量衡亩折合今制表

西汉制	折合今制
1尺	231毫米(0.69市尺)
1升	200毫升(0.2市升)
1斤	240克(0.48市斤)
1亩	0.69市亩
魏晋制	
1尺	242—245毫米(约0.73市尺)
1升	200毫升(0.2市升)
后魏制	
1尺	280毫米(0.84市尺)
1升	400毫升(0.4市升)
1石(斛)	40升(4市斗)
1斤	444克(0.89市斤)
1亩	1.016市亩

图70　齐鲁书社版《齐民要术译注》正文前度量衡亩折合今制表

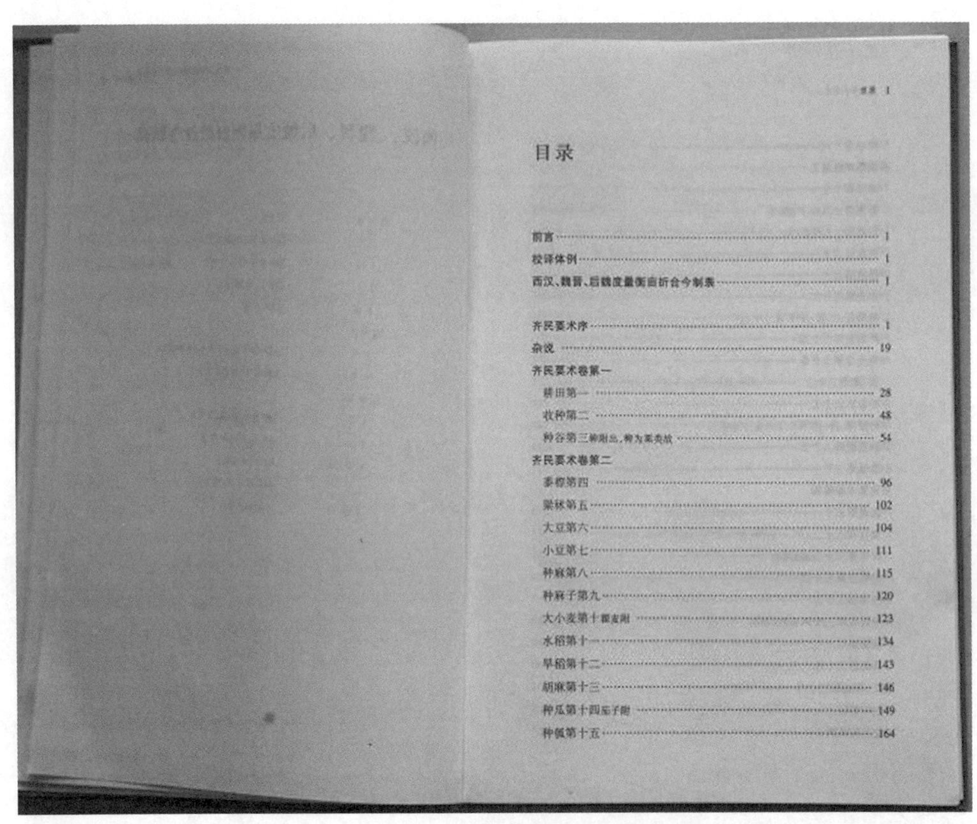

目录 1

目录

图 71　齐鲁书社版《齐民要术译注》目录

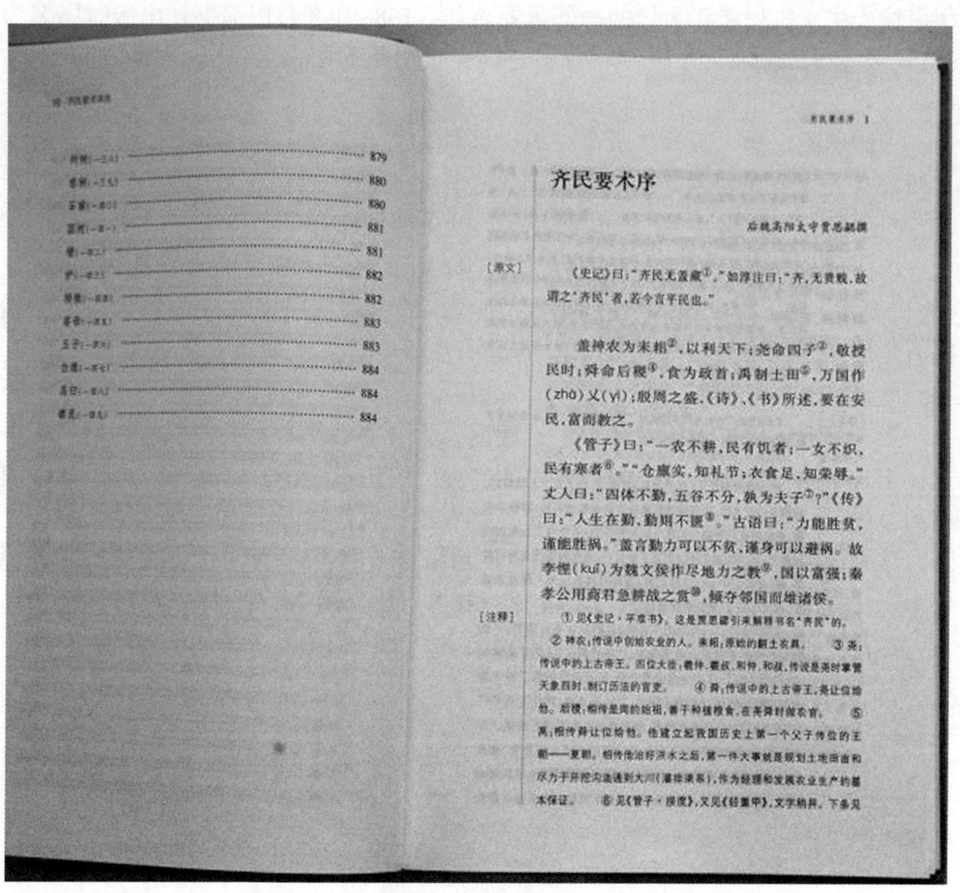
齐民要术序　1

齐民要术序

后魏高阳太守贾思勰撰

[原文]

《史记》曰："齐民无盖藏①。"如淳注曰："齐，无贵贱，故谓之'齐民'者，若今言平民也。"

盖神农为耒耜②，以利天下；尧命四子③，敬授民时；舜命后稷④，食为政首；禹制土田⑤，万国作（zhǒ）乂（yì）；殷周之盛，《诗》、《书》所述，要在安民，富而教之。

《管子》曰："一农不耕，民有饥者；一女不织，民有寒者⑥。""仓廪实，知礼节；衣食足，知荣辱。"丈人曰："四体不勤，五谷不分，孰为夫子⑦？"《传》曰："人生在勤，勤则不匮⑧。"古语曰："力能胜贫，谨能胜祸。"盖言勤力可以不贫，谨身可以避祸。故李悝（kuī）为魏文侯作尽地力之教⑨，国以富强；秦孝公用商君急耕战之赏⑩，倾夺邻国而雄诸侯。

[注释]

① 见《史记·平准书》。这是贾思勰引来解释书名"齐民"的。　② 神农：传说中创始农业的人。耒耜：原始的翻土农具。　③ 尧：传说中的上古帝王。四位大臣：羲仲、羲叔、和仲、和叔，传说是尧时掌管天象四时、制订历法的官吏。　④ 舜：传说中的上古帝王，尧让位给他。后稷：相传是周的始祖，善于种植粮食，在尧舜时做农官。　⑤ 禹：相传舜让位给他。他建立起我国历史上第一个父子传位的王朝——夏朝。相传他治好洪水之后，第一件大事就是规划土地田亩和尽力于开挖沟洫通到大川（灌排渠系），作为经理和发展农业生产的基本保证。　⑥ 见《管子·揆度》，又见《轻重甲》，文字稍异。下条见

图 72　齐鲁书社版《齐民要术译注》正文

十八、《国学经典导读——〈齐民要术〉》

缪启愉先生（1910—2003）著，中国国际广播出版社2011年1月出版，书一册，32开，18万余字。该书是一部引导读者阅读《齐民要术》的入门书，是缪启愉先生于古稀之年写作的一部重要著作。1988年8月巴蜀书社出版时书名为《齐民要术导读》，并获1990年首届全国科技史优秀图书二等奖，台湾五南图书出版公司也重印出版，并在台湾发行。

中国国际广播出版社再版该书时，缪桂龙先生又修正了70余处错漏，增加了两段有关《齐民要术译注》的资料，使该书更加完善。

《国学经典导读——〈齐民要术〉》共分两大部分。

第一部分为导言，有4章内容。分别介绍了阅读《齐民要术》的入门知识、《齐民要术》在国内外农学史上的学术地位、研读《齐民要术》首先必须克服和搞清楚的问题以及对《齐民要术》的进一步研究等有关研读《齐民要术》的基本问题。

第二部分为原文选读及评说。选读内容为《齐民要术》的前7卷，第一卷全选，第二至第七卷则各选取每一卷中的部分内容进行注释，然后评说，注释准确精到，内容详细，评说恰当，并配有一些农具、农作物图，便于阅读。

该书还在目录之后附有《后魏度量衡亩折合今制表》，便于读者在阅读《齐民要术》一书时对古今的一些度量衡亩进行核算对比（图73、图74、图75、图76）。

这是一部很好的学习、研究《齐民要术》的入门书。

图 73　中国国际广播出版社版《国学经典导读——〈齐民要术〉》

图 74 《国学经典导读——〈齐民要术〉》扉页

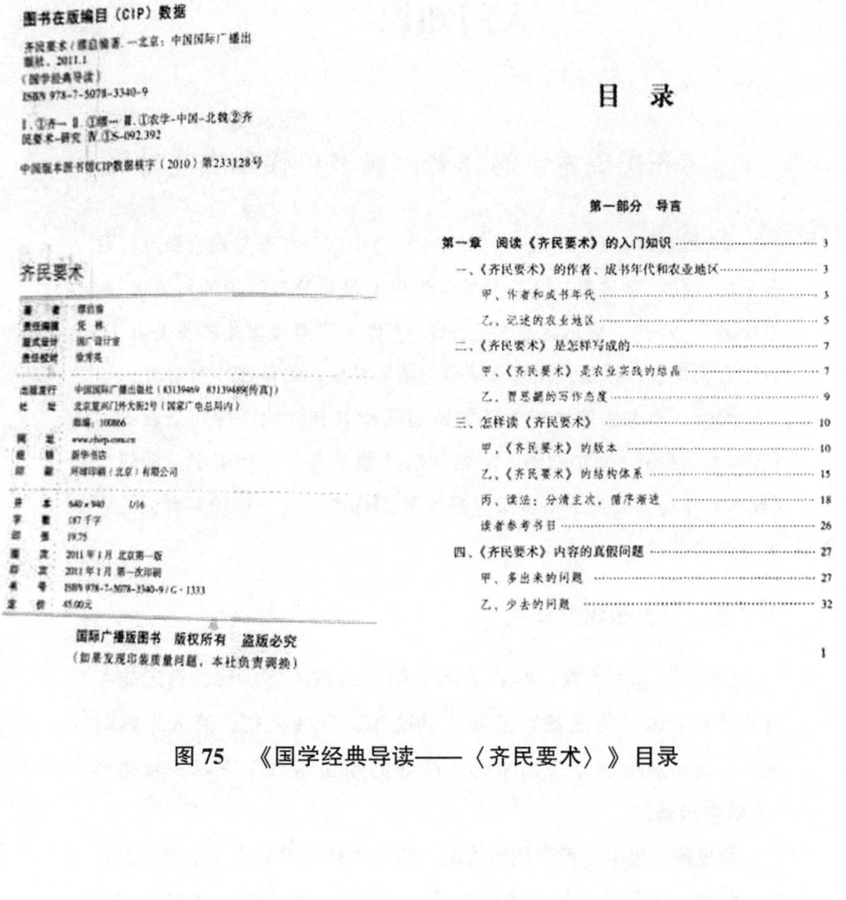

图书在版编目（CIP）数据

齐民要术/缪启愉著．—北京：中国国际广播出版社，2011.1
（国学经典导读）
ISBN 978-7-5078-3340-9

Ⅰ.①齐… Ⅱ.①缪… Ⅲ.①农学-中国-北魏②齐民要术-研究 Ⅳ.①S-092.392

中国版本图书馆CIP数据核字（2010）第233128号

齐民要术

著　　者　缪启愉
责任编辑　[illegible]
版式设计　国广设计室
责任校对　[illegible]

出版发行　中国国际广播出版社（83139469　83139489(传真)）
社　　址　北京复兴门外大街2号（国家广电总局内）
　　　　　邮编：100866
网　　址　www.chirp.com.cn
经　　销　新华书店
印　　刷　环球印刷（北京）有限公司

开　　本　640×940　1/16
字　　数　187千字
印　　张　19.75
版　　次　2011年1月 北京第一版
印　　次　2011年1月 第一次印刷
书　　号　ISBN 978-7-5078-3340-9/G·1333
定　　价　45.00元

国际广播版图书　版权所有　盗版必究
（如果发现印装质量问题，本社负责调换）

目　录

第一部分　导言

1

图75　《国学经典导读——〈齐民要术〉》目录

第一章 阅读《齐民要术》的入门知识

一、《齐民要术》的作者、成书年代和农业地区

《齐民要术》（以下简称《要术》）是中国现存最早最完整地保存下来的古代农学名著，也是世界农学史上最早最有价值的名著之一。书中的“齐民”，意思就是平民百姓，“要术”是指谋生的重要方法，四字合起来说，就是人民群众从事生活资料生产的重要技术知识。

阅读一本书，首先要弄清楚该书的作者和时代，特别是农业书《要术》，还有一个农业地区问题非搞清楚不可，这对于学习和研究《要术》十分重要。下面就谈《要术》的作者、成书年代和所记的农业地区问题。

甲、作者和成书年代

《要术》全书十卷，作者是南北朝时后魏的贾思勰。贾思勰主要生活在后魏（即北魏）期间，到晚年，后魏灭亡，跨入东魏时期。东魏是从后魏分裂出来的，存在的年份很短，所以一般仍称“后魏贾思勰”。

贾思勰，史书里没有他的传记，别的文献也没有关于他的只言片语，他的一生事迹，留给后代的是一纸空白。现在唯一确凿的“信史”只有十个字，那就是《要术》书里的作者署名，题着：“后魏高

图 76 《国学经典导读——〈齐民要术〉》正文

十九、中华书局版《齐民要术》

这是中华经典名著全本全注全译丛书中的一种。中华经典名著全本全注全译丛书所收书目都是经史子集中最为经典的著作，皆以权威版本为核校底本，并约请研究这一专著的业内著名的代表性专家进行注释和翻译，注释简明准确，译文紧扣原文而又晓畅明白。书的出版采用统一装帧，设计雅正美观，精致大方，并采用硬纸面精装（图 77）。

图 77　中华书局版《齐民要术》

中华书局版《齐民要术》作为这套丛书的一种，是在石声汉先生（1907—1971）的原作《齐民要术今释》的基础上，再为各篇增加题解、增补注释，并将译文补充完整，由石声汉先生译注、石定扶、谭光万先生补注。该书在石声汉先生译注的基础上，对原来的注释、译文作进一步的梳理、校订和补充，使书的内容更趋完善和精确，进一步提高了该书的学术性。2015 年 5 月由中华书局出版此书，全书分上下两册装订，上册 769 页，下册 772～1 414 页，32 开，长 22 厘米，橘红色硬装封面，装祯精美，厚重典雅。这一版本非常有利于读者阅读和进行学术研究，也是一个很值得读者收藏的经典版本。

第八章

《齐民要术》国外版本

《齐民要术》成书后，首先在国内流传，随着中外经济文化交流的发展，《齐民要术》也随之向国外传播，首先是向临近的东亚传播，然后又传播到西方一些国家，因而《齐民要术》在国外也随之出现了许多不同的版本。现在主要对《齐民要术》一书在日本及欧洲的传播情况及形成的不同版本作一概述。

《齐民要术》首先是传到了中国的近邻日本，并在日本形成了诸多不同的版本，现对《齐民要术》在日本的版本作一介绍。

一、日本版本

《齐民要术》成书后逐渐在海外流传，在海外流传最早、影响最广而深远的就是中国的近邻日本。《齐民要术》成书后的时代，中国历经南北朝时期的分裂对峙，到隋唐时出现大一统的局面。隋唐时，中国政局相对稳定，经济发展繁荣，文化昌盛，中日经济、文化交流频繁，日本不断派遣隋使、遣唐使来到中国，日本留学生、留学僧也来到中国，中国人也到日本去，他们之间的交往促进了中日间经济、文化的交流，《齐民要术》和其他大批的图书典籍也一起被带入日本。

唐朝时，日本书籍中就有关于《齐民要术》一书的记载。日本宇多天皇宽平三年（891），学者藤原佐世编纂了一部敕编性质的目录书——《日本国见在书目》，这是一部记载日本所藏传世汉籍的目录书，所记时代下限截止到日本平安前期，书中就记录有《齐民要术》十卷，这一年在中国是唐昭宗大顺二年，这说明《齐民要术》此前早已传入日本，而这时日本所传的《齐民要术》所据应是唐代的写本，此写本在日本已失传。此后日本又出现了许多手抄本和刻本的《齐民要术》，陆续有山田罗谷本、猪饲敬所校宋本等多种版本流传。

到了近现代时期，日本学者对《齐民要术》一书越来越重视，也投入了更多的时间、精力、物力去整理和研究《齐民要术》。这一时期，在日本逐渐兴起了研究《齐民要术》热潮，纷纷成立《齐民要术》研究会，有组织有计划地对《齐民要术》进行探研，日本学界把对贾思勰及《齐民要术》的研究称之为“贾学”，遂有“贾学”这一学派的出现。现代日本学者研究《齐民要术》的主要成果有西山武一、熊代幸雄的《校订译注〈齐民要术〉》等。现在对日本《齐民要术》一书的版本情况作一简要概述。

（一）猪饲敬所的校宋本

猪饲敬所（1761—1845），又名猪饲彦博，字文卿，号聱叟、千一居士、洛下儒隐聱叟，日本著名考证学者，他的生活时代相当于中国清朝的乾隆、嘉庆、道光时期。关于什么是校宋本，在前文介绍张辚刻本时已作明确叙述，就是以某一版本的《齐民要术》为底本，再把宋本系统的《齐民要术》上的不同内容校录在这个底本上而形成的版本。

据记载，猪饲敬所校录过一本《齐民要术》，是校宋本，曾被收藏于东京岩崎家的静嘉堂文库，据日本学者西山武一（1903—1985）在其所写的一篇文章《〈齐民要术〉传承考》中记载，猪饲敬所校录所用的底本是1744年日本人山田罗谷依据明代的《津逮秘书》本而刻印的翻刻本，用来校对的宋本或是抄本，但未确知其源出，在校勘过程中，猪饲敬所本人也加以校改，或凭己意臆测而出错，故此校宋本平平，学术价值并不高。

（二）山田罗谷刻本

山田罗谷，又名山田罗葛，日本学者，其生卒年不详。山田罗谷对中国的《齐民要术》一书非常推崇，为了以此书来指导促进日本的农业生产，山田氏特于延享元年（1744，延享是日本樱町天皇与桃园天皇的年号，从1744年到1747年）根据中国明朝的《津逮秘书》本刻印了日本版的《齐民要术》，这是我们目前所见到的日本所印的第一部《齐民要术》，由当时的京都向荣堂刊印。该书分为十册印行，先是中文原文，再附日文译文，书每页18行，每行18字，书眉上有校注200余条，但主要是注的内容，整个书的样式基本上是按照明朝版《津逮秘书》本。

由于山田罗谷刊印《齐民要术》所采用的底本是《津逮秘书》本，而《津逮秘书》本是源于湖湘本的，《齐民要术》发展到湖湘本已发生错乱，再到后来的《津逮秘书》本更加错乱，这在介绍《秘册汇函》—《津逮秘书》本时已有详述。由此可见，山田罗谷采用的《津逮秘书》本是一坏本，是选择不当，《津逮秘书》本的错讹随着山田罗谷的刊印而流传到日本，可谓以讹传讹，加之翻译的质量也不佳，所以，山田罗谷刊印的《津逮秘书》本《齐民要术》是有贻误于日本学术界的。

（三）仁科干刻本

仁科干为日本学者，其生平事迹不详。仁科干刻本《齐民要术》是由山田罗谷刻本衍生出来的。日本文政九年（1826，文政是仁孝天皇的年号，从1818年到1929年），日本著名书坊浪华书肆定荣堂又翻刻了山田罗谷刻本《齐民要术》，书前加上仁科干的序文，遂有仁科干刻本，除了序文，书的其他内容是一样的。此后，明治年间（1868—1911），日本的著名书坊有邻堂又重印出版了仁科干刻本。日本学者小出满二在其所写的文章《关于〈齐民要术〉的异版》中提到仁科干刻本，但我们现在只见此记载，未见实书。

由于仁科干刻本是完全按照山田罗谷刻本翻印的，所以，仁科干刻本因袭了山田罗谷刻本、也就是《津逮秘书》本的优缺点，特别是山田罗谷刻本的错乱又随着仁科干刻本在日本流传、扩大，所以，仁科干刻本同山田罗谷刻本一样，对日本学术界是有贻误的。

（四）《校订译注〈齐民要术〉》

该书由日本学者西山武一（1903—1985）、熊代幸雄（1911—1979）译注。日本对《齐民要术》一书的翻译早在1940年就开始了，当时一批日本文人在被占领下的中国北平开始了对《齐民要术》一书的资料搜集和初步的翻译工作，到1945年时，部分译稿及搜集的资料丢失。也是在1945年，西山武一、熊代幸雄二人决定先把《齐民要术》校订一遍，然后再翻译为日文。1948年，战后的日本农林省农业综合研究所重新组织了《齐民要术》一书的翻译工作，主要由西山武一、熊代幸雄负责，译注工作一直持续到1959年（卷十没有译注）。

经过长时间的努力，日本农林省农业综合研究所研究人员完成了对《齐民要术》一书的校订译注工作，并计划于1957年、1959年分上下两册出版《校订译注〈齐民要术〉》。1957年该书交由东京大学出版会出版上卷（西山武一译注）、1959年出版下卷（熊代幸雄译注），这是《校订译注〈齐民要术〉》一书的第一次出版。1969年12月亚细亚经济出版会即亚洲经济出版会把该书合订为一册出版第二版，1976年8月亚细亚经济出版会又出版第三版。再版、三版时书32开，上册347页，下册346页，书后附有《生产物利用例索引》，以及与《齐民要术》有关的三篇文章：小出满二的《关于〈齐民要术〉的异版》、东畑精一的《我与〈齐民要术〉》、齐卉之的《中日两国农学家的友情》和熊代幸雄的英文版文章《旱地农法中的东洋与近代命题》。

西山武一、熊代幸雄校订译注的《齐民要术》堪称是一部日文翻译名著，也是中日农学交流史上的一件幸事，对中日农学的交流、特别是中国古代农学知识在日本的传播起了积极的推动作用。该书校订精良，翻译准确，在日本出版后引起很大反响，受到日本学界的极大欢迎，该校订译注本曾在《日本经济新闻》上被评为特别优秀图书（图 78、图 79、图 80、图 81）。

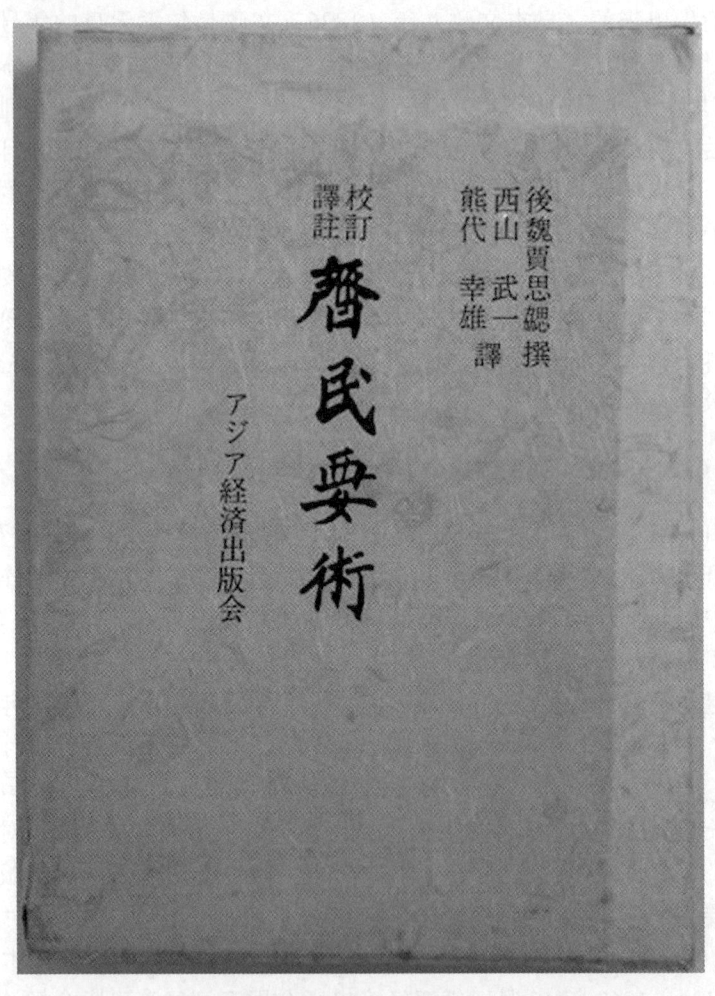

图 78　亚细亚经济出版会版《校订译注〈齐民要术〉》

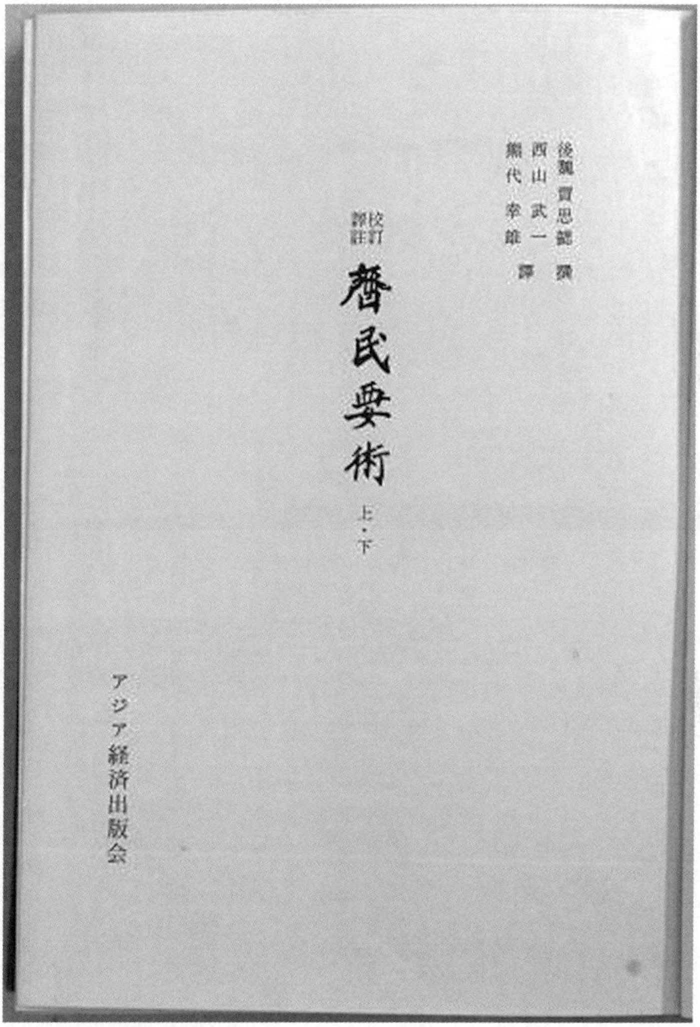

後魏 賈思勰 撰
西山 武一
熊代 幸雄 譯

校訂譯註
齊民要術
上・下

アジア経済出版会

图 79 《校订译注〈齐民要术〉》扉页

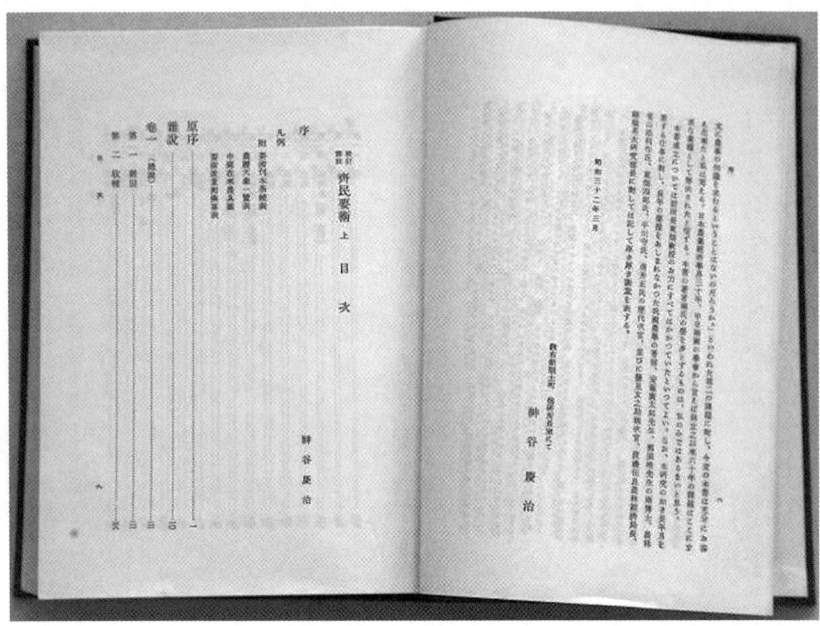

图 80　《校订译注〈齐民要术〉》目录

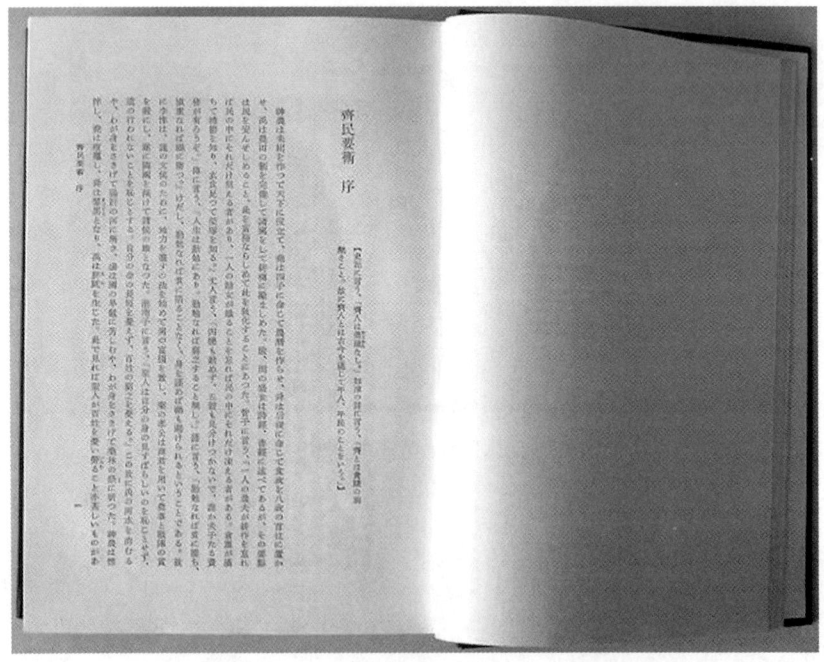

图 81　《校订译注〈齐民要术〉》正文

（五）雄山阁版《齐民要术》

该书由日本学者田中静一（1903—2003）、小岛丽逸、太田泰弘编译。译者把《齐民要术》视为现存最古老的料理书，该书明仁平成九年（1997）10月出版，精装，32开，正文连同参考文献共340页。书之正文每页上部为影印的《齐民要术》原书页，或是《齐民要术》中所载作物的插图，下面为所译日文，原文译文对照，兼以插图，图文并茂，适于阅读。该书的翻译出版对于在日本普及中国古代的农业生产知识起了积极的推动作用（图82、图83、图84、图85）。

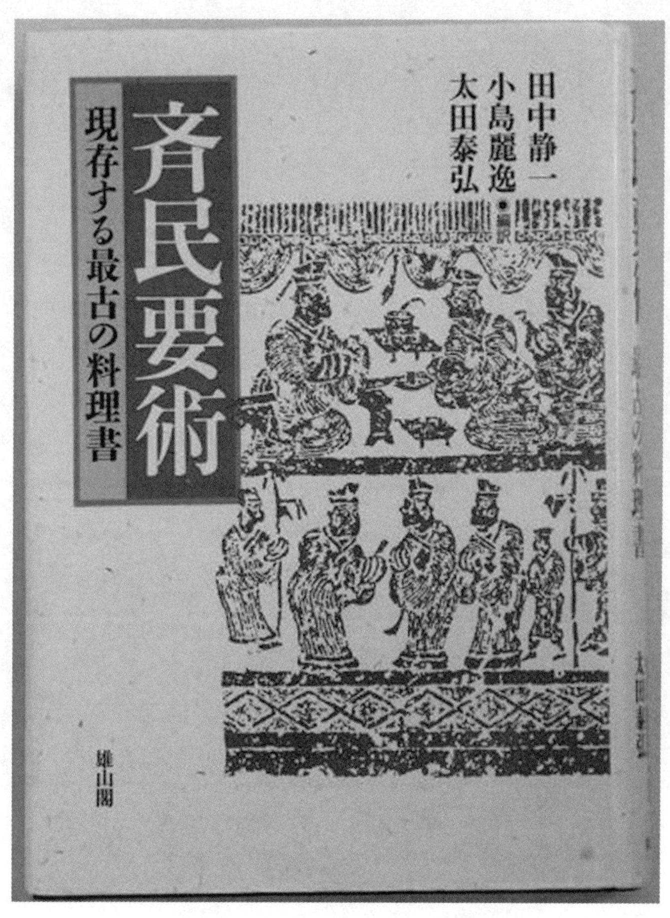

图82　雄山阁版《齐民要术》

图 83　雄山阁版《齐民要术》扉页

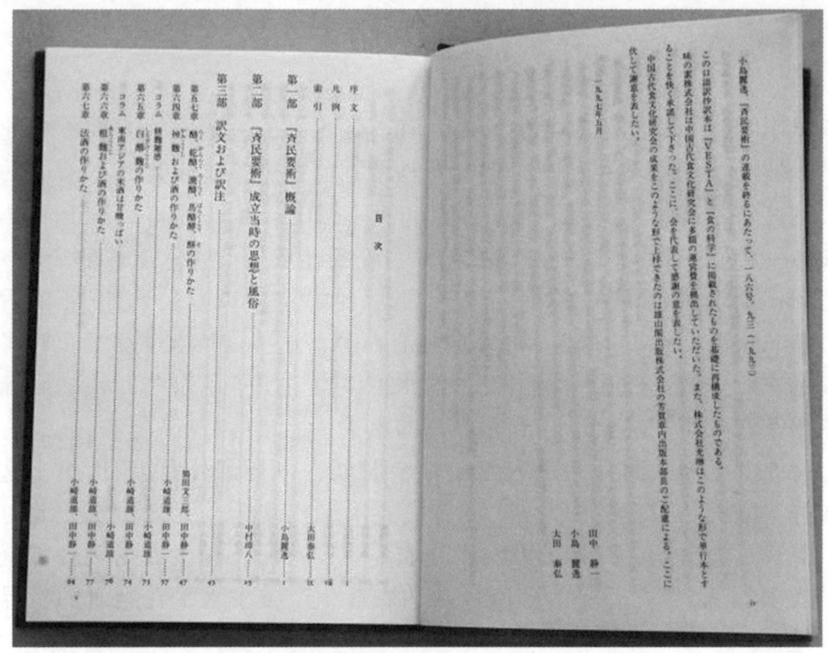

目　次

图 84　雄山阁版《齐民要术》目录

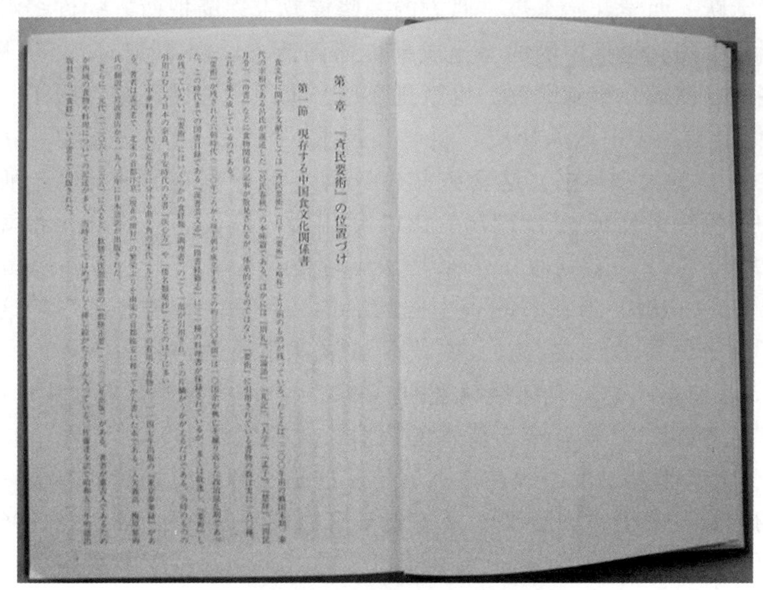

第一章　『斉民要術』の位置づけ

第一節　現存する中国食文化関係書

图 85　雄山阁版《齐民要术》正文

二、西方版本

奴隶制时代的欧洲，农业生产还是有一定水平的，当时代表欧洲农业生产水平的是罗马，在罗马共和国时期与罗马帝国前期也曾出现过几部有名的农学著作。这些农学著作主要是：公元前 160 年大加图（Cato，Marcus Porcius，公元前 234—公元前 149）的《农业志》（又名《农书》）、公元前 36 年瓦罗（M. T. Varro，公元前 116—公元前 27）的《论农业》以及公元 60 年前后科路美拉（Columella，约 1 世纪）的《农业论》等，这些古代农学名著反映了古罗马时期的农业生产已经达到相当发达的水平，也说明了奴隶制时代的欧洲农业生产水平及农业生产成就已达到相当高的水平。

公元 5 世纪，欧洲开始进入封建社会时期，一直到公元 15 世纪，这一时期也被称为欧洲历史上的中世纪。《齐民要术》出现于公元 6 世纪，此时欧洲已进入封建社会，这一时期的欧洲则是农业生产落后，也没有出现一部真正意义上的农学专著，《齐民要术》所反映的农业生产技术水平在当时的世界仍处于领先地位。

中国历史到明朝中后期时，欧洲兴起了文艺复兴运动，那时欧洲思想解放，学术活跃，西学开始东进，西方的一些传教士逐渐把西方的许多科技文化成就传播到中国，也把中国的文化成果传播到西方。18 世纪时，《齐民要术》中的一些内容便被介绍到欧洲。也就是在这一世纪，法国巴黎出版了一套名为《北京耶稣会士关于中国人历史、科学、技术、风俗、习惯等纪要》（以下简称《纪要》）的大型丛书，这套丛书共 16 册，是根据在华耶稣会士所见所闻而撰写的书稿编纂而成，于 1776—1814 年出版。该套丛书的第五卷就介绍了《齐民要术》，第十一卷则收录了来华法国耶稣会士金济时（Jean-Paul-Louis Collas，1735—1781）所撰写的《中国的绵羊》一文。金济时撰写的这篇文章就引用了《齐民要术》卷六以及明代官员学者邝璠（1465—1505）所著《便民图纂》（《便民图纂》是邝璠编著的一部关于苏南太湖地区农业生产的著作）卷十四“牧养类”中关于养羊技术的内容，《齐民要术》所记养羊技术随着《纪要》这套大型丛书的出版在欧洲流传，这是《齐民要术》的有关内容在西方传播的开始。来华的法国汉学家、农学家西蒙（Simon，1829—1896）还对《中国的绵羊》一文重加注释，再刊于巴黎的《风土适应学会会报》上，使养羊技术内容进一步传播。

到了 19 世纪后半期，《齐民要术》一书的内容进一步传播到西方。法国汉学家、农学家西蒙在其关于中国农业的论著中介绍了贾思勰及《齐民要术》，并予以高度评价。英国著名生物学家达尔文（Charles Robert Darwin，1809—1882）在创立生物进化论的过程中，也曾广泛阅读参考中国的文献资料，他通过阅读法国出版的《纪要》了解到贾思勰及其著作《齐民要术》，他吸收了《齐民要术》一书中的有关思想内容，特别是书中人工选择的原理、思想与其生物进化论思想有相通之处，给他以很大启发，达尔文在其名著《物种起源》中高度赞誉了《齐民要术》一书，称其为中国古代的百科全书。

历史发展到20世纪及现代，《齐民要术》仍然受到国际学术界的广泛关注。英国科学史家李约瑟博士（Joseph Needham，1900—1995）在撰写他的科学技术史巨著《中国的科学与文明》（又名《中国科学技术史》）的第六卷生物学和农学分册时，就以《齐民要术》作为重要参考资料，来分析考察《齐民要术》那个时代及以前中国农业生产技术的发展情况，认为《齐民要术》一书所反映的中国古代农业生产技术是处在非常先进的水平。他的女助手、著名的社会人类学教授白馥兰（Francesca Anne Bray，1948—）还把《齐民要术》前六卷翻译成英文，这是西方出现较大篇幅的英文版《齐民要术》的开始；她还对《齐民要术》一书的内容进行了全面的介绍和评价，写成《论〈齐民要术〉》一文，发表在著名的汉学刊物《法国汉学》第六辑上，这篇文章让西方人对《齐民要术》有了更全面的认识。

以上内容主要是对《齐民要术》一书在西方传播的整体情况作一概述，现在再就英文、德文版的《齐民要术》作一简介。

（一）英文版介绍《齐民要术》的书—《〈齐民要术〉概论》

该书中文由石声汉教授著，后译为英文，精装，32开，共107页，由科学出版社1958年7月出版第一版英文版，1962年12月出版第二版在国内外发行。该书首先对《齐民要术》一书作了介绍，然后分析了《齐民要术》中所引资料的来源书籍，再就是分析了《齐民要术》中的原始资料以及《齐民要术》一书对中国农业科学的影响，最后是后记。这是一本概论性质的书，便于西方人首先从总体上了解《齐民要术》，对于介绍《齐民要术》一书起了积极的作用（图86、图87、图88、图89）。

图 **86** 科学出版社英文版《〈齐民要术〉概论》

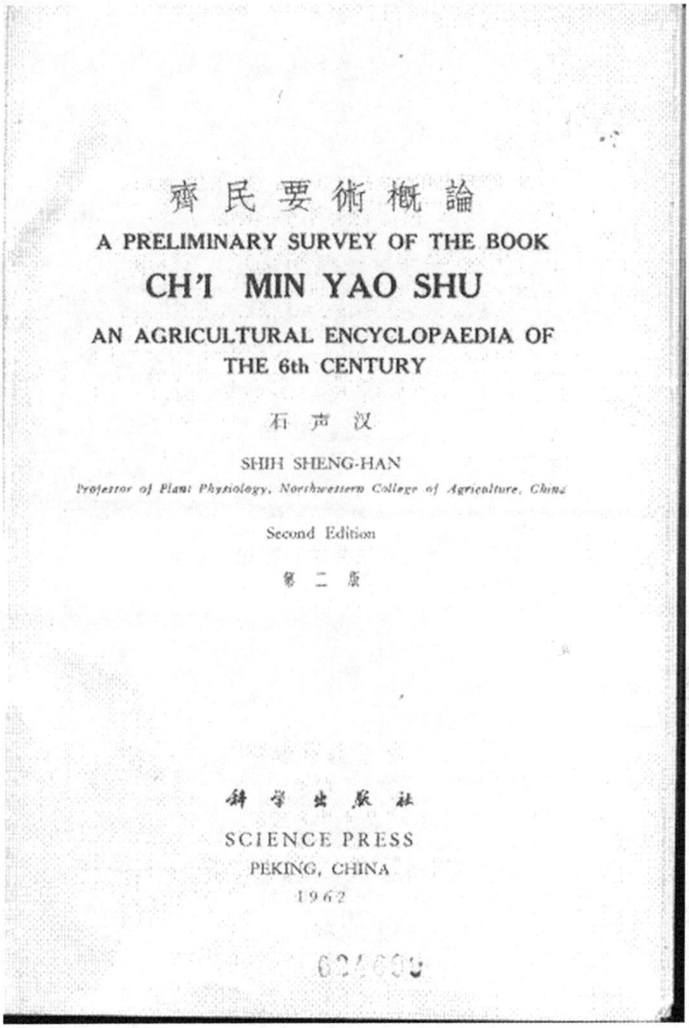

齊民要術概論

A PRELIMINARY SURVEY OF THE BOOK

CH'I MIN YAO SHU

AN AGRICULTURAL ENCYCLOPAEDIA OF THE 6th CENTURY

石 声 汉

SHIH SHENG-HAN

Professor of Plant Physiology, Northwestern College of Agriculture, China

Second Edition

第 二 版

科 学 出 版 社

SCIENCE PRESS

PEKING, CHINA

1962

图 87　《〈齐民要术〉概论》扉页

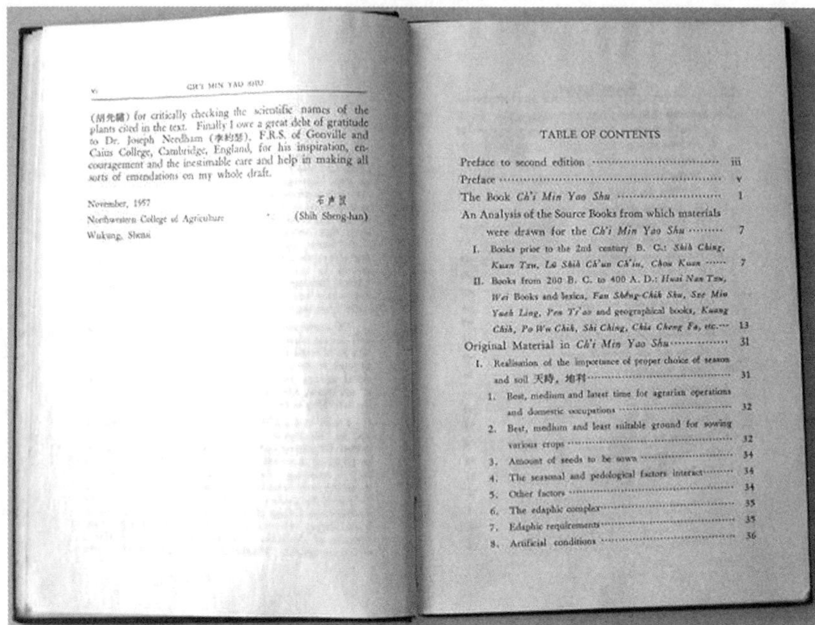

(胡先骕) for critically checking the scientific names of the plants cited in the text. Finally I owe a great debt of gratitude to Dr. Joseph Needham (李约瑟), F.R.S. of Gonville and Caius College, Cambridge, England, for his inspiration, encouragement and the inestimable care and help in making all sorts of emendations on my whole draft.

November, 1957 石声汉
Northwestern College of Agriculture (Shih Sheng-han)
Wukung, Shensi

TABLE OF CONTENTS

图 88 《〈齐民要术〉概论》目录

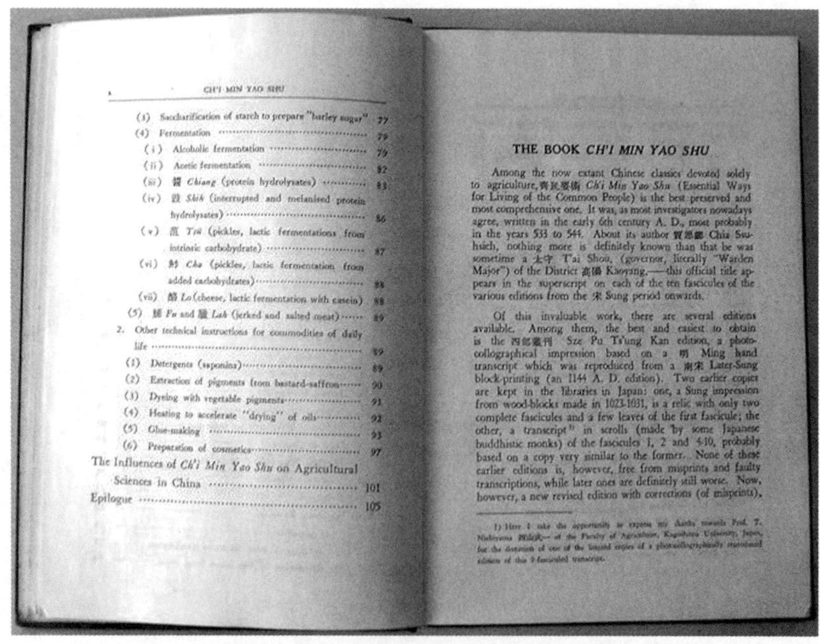

THE BOOK *CH'I MIN YAO SHU*

Among the now extant Chinese classics devoted solely to agriculture, 齊民要術 *Ch'i Min Yao Shu* (Essential Ways for Living of the Common People) is the best preserved and most comprehensive one. It was, as most investigators nowadays agree, written in the early 6th century A. D., most probably in the years 533 to 544. About its author 賈思勰 Chia Ssu-hsieh, nothing more is definitely known than that he was sometime a 太守 T'ai Shou, (governor, literally "Warden Major") of the District 高陽 Kaoyang.—this official title appears in the superscript on each of the ten fascicules of the various editions from the 宋 Sung period onwards.

Of this invaluable work, there are several editions available. Among them, the best and easiest to obtain is the 四部叢刊 Sze Pu Ts'ung Kan edition, a photo-collographical impression based on a 明 Ming hand transcript which was reproduced from a 南宋 Later-Sung block-printing (an 1144 A. D. edition). Two earlier copies are kept in the libraries in Japan: one, a Sung impression from wood-blocks made in 1023-1031, is a relic with only two complete fascicules and a few leaves of the first fascicule; the other, a transcript[1] in scrolls (made by some Japanese buddhistic monks) of the fascicules 1, 2 and 4-10, probably based on a copy very similar to the former. None of these earlier editions is, however, free from misprints and faulty transcriptions, while later ones are definitely still worse. Now, however, a new revised edition with corrections (of misprints),

1) Here I take the opportunity to express my thanks towards Prof. T. Nishiyama 西山武一 of the Faculty of Agriculture, Kagoshima University, Japan, for the donation of one of the limited copies of a photo-collographically reproduced edition of this 9-fasciculed transcript.

图 89 《〈齐民要术〉概论》正文

（二）德文版《齐民要术》

德国学者赫茨（Hertz）在 20 世纪 80 年代还把《齐民要术》译成德文，遂有德文版的《齐民要术》，这是第一个德文全译本，对于促进《齐民要术》在德国的传播起了积极的作用。

以上是《齐民要术》一书在国外流传、出版情况及对该书外文版本的概述。

本书对《齐民要术》一书的中外版本情况进行了简要记录、述评，由于资料所限，有些版本可能没有收录进来，希望读者多提宝贵建议、线索，以使本书所录《齐民要术》的版本更加完备。

参考文献

刘德成，刘克强 . 2009. 齐鲁诸子名家志 · 贾思勰志［M］. 济南：山东人民出版社 .

栾调甫 . 1934. 齐民要术版本考［J］. 国学汇编 .

缪启愉，缪桂龙 . 2009. 齐民要术译注［M］. 上海：上海古籍出版社 .

缪启愉 . 1998. 齐民要术校释［M］. 北京：中国农业出版社 .

《山东省志 · 诸子名家志》编纂委员会 . 2001. 贾思勰志［M］. 济南：山东人民出版社 .

石声汉 . 1958. 齐民要术今释［M］. 北京：科学出版社 .

张熙惟 . 2004. 贾思勰与齐民要术［M］. 济南：山东文艺出版社 .

赵国璋，潘树广 . 2005. 文献学大辞典［M］. 扬州：广陵书社 .

后 记

《〈齐民要术〉之中外版本述略》是为弘扬贾思勰“农圣”文化思想、介绍《齐民要术》的有关版本知识而写的一本小书，该书依据现有的文献资料、参阅国家图书馆等大型图书馆所藏的不同版本的《齐民要术》、吸收当代学者对《齐民要术》版本的研究成果，对《齐民要术》一书在流传过程中所出现的不同版本进行梳理，对每一版本进行介绍和评价。

对《齐民要术》一书版本的评介，是研究《齐民要术》的一项重要内容，也就是说是从版本学的角度来研究《齐民要术》，同时也是人们阅读和进一步研究《齐民要术》的前提、基础，可以使人们从一个侧面更深入了解《齐民要术》，所以说，对《齐民要术》一书版本的研究具有基础性意义。

由于所掌握的关于《齐民要术》版本资料的局限以及作者本人学识水平的浅陋，书中不足之处在所难免，敬请读者批评指正。

杨现昌

2016 年 8 月